Die Meisterprüfung im Elektro-Maschinenbauer-Handwerk

Lehr- und Hilfsbuch für die Vorbereitung zur Meisterprüfung

Handbuch für die Mitglieder der Meister-Prüfungskommission

von

Fritz Raskop

Beratender Ingenieur für Elektromaschinenbau

5., erweiterte und verbesserte Auflage

Technischer Verlag Herbert Cram
Berlin W 35
1959

Satz und Druck: Thormann & Goetsch, Berlin-Neukölln
Printed in Germany

Vorwort zur 5. Auflage Meisterprüfung

Die vorliegende 5. Auflage wurde verbessert und erweitert. Insbesondere wurde als Anhang ein Schulungskurs eingefügt, der in XIII Folgen den gesamten fachlichen Prüfungsstoff gemäß der Meisterprüfungsordnung für das Elektromaschinenbauerhandwerk behandelt und praktische Prüfungsbeispiele mit Aufgaben und Lösungen enthält.

Der Verfasser hofft, hiermit den Wünschen und Belangen der Meisterprüflinge entsprochen zu haben.

Der Verfasser

Krefeld, im Mai 1959.

Inhaltsverzeichnis

Seite

Vorwort

Allgemeines ... 1

I. Abschnitt:

Übersicht über das Prüfungsgebiet ... 4
Wahl und Anfertigung des Meisterstückes ... 4
Grundforderungen ... 4
Mindestforderungen ... 5
Was gehört zum Meisterstück ... 6
Arbeitsproben ... 6
Theoretische Prüfung ... 7
Meßkunde ... 7
Werkstoffkunde ... 7
Wirkungsweise, Aufbau und Verwendung elektrischer Maschinen 8
Fachfragen ... 8
Geschäfts-, Buch- und Rechnungsführung ... 8
VDE-Vorschriften ... 9
Ergebnis der Prüfung ... 9

II. Abschnitt:

Die Vorbereitung zur Meisterprüfung ... 10
Meßkunde ... 10
Fachfragen ... 11
Kostenaufstellung ... 11
Buch- und Rechnungsführung ... 11
Welche Leistungen werden von einem Elektromaschinenbauer-Meisterprüfling verlangt ... 12
Meisterstück ... 12
Theoretische Prüfung ... 12

Prüfungsaufgaben-Beispiel ... 13
Meisterstück ... 13
Schriftliche Fachprüfung ... 13
Lösung der schriftlichen Prüfungsaufgaben-Beispiele ... 15
Mündliche Prüfungsaufgaben-Beispiele ... 19
Elektromaschinenbau ... 19
Meßkunde ... 19
Lösung der mündlichen Aufgaben ... 19
Elektromaschinenbau ... 19
Meßkunde ... 20

III. Abschnitt: Seite

Schulungsaufgaben 21
Mündliche Fachprüfung 21
Elektrotechnik und Maschinenbau (Ankerwickelei) 21
Geschäftliches 24
Gewerbewesen 24
Schriftliche Fachprüfung 25

IV. Abschnitt:

Kalkulation 31
Ermittlung der Geschäftsunkosten (Generalien) 31
Die Gestehungskosten 32
Unternehmergewinn 33
Kalkulations-Vordrucke 34

V. Abschnitt:

Meisterprüfungsordnung für das Elektromaschinenbauerhandwerk 36

VI. Abschnitt:

Literaturangaben und Hinweise für die Schulungsaufgaben 42

VII. Abschnitt:

Auszug aus den gewerbegesetzlichen Bestimmungen 48
Wer darf Lehrlinge anleiten? 48
Die Erlangung des Meistertitels 49
Zulassung zur Meisterprüfung 49
Prüfungskommission 49
Das Gesellenzeugnis 50
Ausnahmen 50
Die Anmeldung zur Meisterprüfung 50
Muster eines Gesuches um Zulassung zur Meisterprüfung 51
Gesuch um Befreiung von der Beibringung eines Gesellenzeugnisses 52

VIII. Abschnitt: Anhang

Schulungskurs für die Vorbereitung zum Meisterprüfung im Elektromaschinenbauerhandwerk 53
Geschichtliches 53
Erlaß des Ministers für Handel und Gewerbe betr. Ankerwickler 53
Erlaß des Ministers für Handel und Gewerbe betr. die Selbständigkeit des Elektromaschinenbauerhandwerkes 54
Die Berufsbezeichnungen im Elektromaschinenbauerhandwerk 54
Übersicht über das Prüfungsgebiet 55
Fachliche Vorschriften für die Meisterprüfung im Elektromaschinenbauerhandwerk 55

Folge I: Seite
Gleichstrom-Ankerwicklungen 64

Folge II:
Umschalten von Gleichstrom-Ankerwicklungen 69

Folge III:
Umwickeln auf andere Drehzahlen und Spannungen 74

Folge IV:
Ausgleichsverbindungen an Gleichstrom-Ankerwicklungen 79

Folge V:
Der Wickelschritt bei Gleichstrom-Ankerwicklungen 84

Folge VI:
Drehstrom (Dreiphasenstrom) 89
Asynchronmotoren 89
Drehstrom-Asynchron-Generatoren 91
Die Läuferspannung 92

Folge VII:
Rekonstruktion und Berechnung der Wickeldaten bei Drehstrommotoren 96
Das aktive Eisen des Drehstrommotors 97
Leerlaufstrom, Nennstrom und Kurzschlußstrom 98
Wirkungsgrad und Leistungsfaktor 98

Folge VIII:
Polumschaltbare Drehstrommotoren 101
Läuferdrehzahl, Polpaarzahl, Frequenz 101
Dahlanderwicklungen 101
Leistungsverhältnis 101
Einwicklungsausführung nach SSW/Weinert 102
Kurzschlußströme 4poliger Drehstrommotoren 104
Leerlaufströme 4poliger Drehstrommotoren 104

Folge IX:
Transformatoren
Die Schaltgruppenbezeichnungen 106
Spartransformatoren 107
Dreh-Transformatoren 107
Herstellung der Transformatorenwicklungen 108
Parallelschalten von Transformatoren 108

Folge X:
Einphasen-Wechselstrom-Asynchronmotoren 109
Universalmotoren für Gleich- und Wechselstrom 110

Seite

Einphasen-Repulsionsmotoren 110
Drehstrom-Kollektormotoren 114
Die Leistungsmessungen elektr. Maschinen 114

Folge XI:
Anlasser und Widerstände 114
Aufstellung einer Wickeltabelle für einen Drehstrom-Stabläufer 115

Folge XII:
Kostenberechnung 120

Folge XII a:
Die Bestimmung der Riemenscheibendurchmesser bei Kraftübertragungen 125

Folge XIII:
Theoretische Vorprüfung gemäß Prüfungsordnung 127

Folge XIII a:
Lösungen zur schriftlichen Meisterprüfung 134

Allgemeines

Die Bedeutung des Elektro-Maschinenbauer-Handwerkes im Rahmen der gesamten „Elektro-Handwerke“ wird treffend durch die Tatsache gekennzeichnet, daß die gigantische Entwicklung der gesamten Elektrizitätswirtschaft von der handwerksmäßigen Herstellung der ersten elektrischen Maschine ihren Ausgang nahm.

Die elektrische Maschine ist und bleibt das Primäre in der Starkstromtechnik und deshalb gebührt allen denjenigen, die sich unmittelbar beruflich mit elektrischen Maschinen befassen, der richtige Platz in den Reihen der Elektrotechniker.

Durch das Entwicklungstempo verflossener Jahrzehnte bedingt, wurde der Elektro-Maschinenbauer-Handwerker sehr schnell von der Herstellung elektrischer Maschinen abgedrängt. Sein ursprüngliches Arbeitsfeld mußte er der Industrie überlassen und sich entwicklungsmäßig auf das Gebiet der Instandsetzung und Neuwicklung elektrischer Maschinen begeben.

Aus dieser Situation entstanden zwei Typen von Elektro-Maschinenbauern, die sich grundsätzlich voneinander unterscheiden, und zwar darin, daß der eine Typ, der in Elektromaschinenfabriken auf Serienherstellung angelernte Teilarbeiter (Anker-, Transformatoren- und Spulenwickler bzw. Wicklerinnen) gemäß Entscheidung des Ministers für Handel und Gewerbe vom 30. November 1925 J.-Nr. IV 15 365 nicht zu den Handwerkern zählt.

Den eigentlichen Handwerkertyp im Elektromaschinenbau, der vielfach irrtümlich mit „Ankerwickler“ bezeichnet wird, findet man in den Instandsetzungswerkstätten elektrischer Maschinen, d. h. in solchen Unternehmen, die sich ausschließlich oder überwiegend mit der Wiederherstellung schadhaft gewordener elektrischer Maschinen und Tranformatoren handwerksmäßig befassen.

Da in diesen Instandsetzungswerkstätten elektrische Maschinen aller Stromarten, Gattungen und Größen neugewickelt bzw. wiederhergestellt werden müssen, so ergibt sich hieraus für den Elektromaschinenbauer die Notwendigkeit einer planmäßigen und vielseitigen Ausbildung.

Richtunggebend muß hierbei die bekannte Tatsache sein, daß die Wicklungsschäden an elektrischen Maschinen vielfach als sekundäre Erscheinung auftreten, die primäre Ursache indessen auf mechanische Schäden zurückzuführen ist. Demgemäß muß auch die Ausbildung des Elektro-Maschinenbauer-Handwerkers sich sowohl auf die Wiederherstellung des elektrischen als auch des mechanischen Teiles der Maschine erstrecken. Der fach- und sachgemäße Auf- und Abbau einer elektrischen Maschine, die Herstellung und Handhabung der hierzu notwendigen Hilfsmittel, sowie die Beseitigung mechanischer Schäden aller Art fallen in das Gebiet des Maschinenbaues (Dreherei, Schlosserei, Schmiede usw.). Diese Arbeiten stehen mit den Berufsaufgaben des Elektro-Maschinenbauers in solch engem Zusammenhang, daß eine Scheidung nicht denkbar ist.

Die Zahl der elektromotorischen Antriebe in Industrie, Handwerk, Gewerbe, Landwirtschaft und Haushalt steigt von Jahr zu Jahr. Die Aufrechterhaltung aller dieser elektrischen Antriebe ist Sache des Elektro-Maschinenbauer-Handwerkers, da erfahrungsgemäß ca. 95% aller Schäden an elektrischen Maschinen aus Gründen der Sachlichkeit von ortsansässigen Handwerkern, und nur ca. 5% der Schadensfälle von den Ursprungsfirmen behoben werden.

Soll die Betriebssicherheit der elektromotorischen Antriebe nicht in Frage gestellt werden, so ist es erforderlich, daß für die Heranbildung eines handwerklichen Nachwuchses Sorge getragen wird, der den stetig ansteigenden Anforderungen in jeder Beziehung gewachsen ist.

In klarer Erkenntnis dieser Notwendigkeit hat der Minister für Handel und Gewerbe in seinem Erlaß vom 3. Januar 1927 J.-Nr. IV 17 647 verfügt, daß die Meister- und Gesellenprüfungen im Elektro-Maschinenbauer-Handwerk nach einer verschärften, dem neuesten Stand der Entwicklung entsprechenden Prüfungsordnung zu erfolgen habe.

Dieser Erlaß stellt in Übereinstimmung mit den Spitzenvertretungen des Deutschen Handwerkes ausdrücklich fest, daß das gesamte Gebiet der handwerksmäßig betriebenen elektrotechnischen Gewerbe bei der immer stärker hervortretenden Spezialisierung in der früher üblichen Gesamtprüfung im elektrotechnischen Handwerk nicht mehr erfaßt werden könne.

Die gewerbegesetzliche Grundlage für die Meister- und Gesellenprüfungen im Elektro-Maschinenbauer-Handwerk ist somit in dem erwähnten ministeriellen Erlaß verankert.

Hiervon ausgehend, ergibt sich zweifelsfrei die bewußte Trennung des Elektro-Installateur- und Elektro-Mechaniker-Handwerkes von dem Elektro-Maschinenbauer-Handwerk, die in ihrer Gesamtheit die „Elektro-Handwerke" darstellen.

Indessen dürfte es erforderlich sein, darauf hinzuweisen, daß die im Rahmen einer Elektro-Maschinenbauer-Meisterprüfung gestellten Aufgaben die Grenze des handwerklichen Könnens nicht überschreiten dürfen. Das Schwergewicht bei der Meisterprüfung sollte mehr auf die handwerklichen Belange des selbständigen Elektro-Maschinenbauers, als auf die Kenntnis von Berechnungsmethoden und Formeln gelegt werden, die als Rüstzeug für den Berechnungsingenieur, nicht aber für den Handwerksmeister bestimmt sind.

Von diesem Gesichtspunkt aus und unter Zugrundelegung der vom Deutschen Handwerkskammer- und Gewerbetag eingeführten Meisterprüfungsordnung für das Elektro-Maschinenbauer-Handwerk wurde die vorliegende Broschüre verfaßt. Sie soll keine Patentlösung für alle Fälle darstellen, sondern als Richtlinie für diejenigen gelten, welche entweder als Mitglied der Meisterprüfungs-Kommission die einschlägigen schriftlichen und mündlichen Fragen zu stellen oder als Prüfling zu beantworten haben. Bei der Zusammenstellung der Prüfungsaufgaben wurde aus der Praxis des selbständigen Elektro-Maschinenbauer-Meisters geschöpft und von dem Grundsatz ausgegangen, daß der Elektro-Maschinenbauer-Meister nicht berufen ist, den Elektro-Installateur-Meister, noch den Maschinen-Berechnungs-Ingenieur zu ersetzen, ebensowenig wie es umgekehrt der Fall sein kann und darf.

I.) Übersicht über das Prüfungsgebiet

1. Wahl und Anfertigung des Meisterstückes

Die Wahl des Meisterstückes soll in der Regel so getroffen werden, daß mit der Herstellung kein erheblicher Zeit- und Kostenaufwand für den Prüfling verbunden ist und der Gegenstand praktische Verwendung finden kann.

Vorschläge hinsichtlich der Wahl des Meisterstückes und der Werkstätte, in welcher dasselbe hergestellt werden soll, können vom Prüfling gleichzeitig mit der Anmeldung der Prüfungskommission unterbreitet werden.

Durch die Herstellung des Meisterstückes sowie einer hierauf Bezug nehmenden zeichnerischen Arbeit und im Regelfall auch einer Kostenaufstellung hierzu soll der Prüfling den Beweis erbringen, daß er die Befähigung zur selbständigen Ausführung der alltäglichen Arbeiten seines Handwerkes besitzt.

a) Grundforderungen

Für das Elektro-Maschinenbauer-Handwerk sind in den „Fachlichen Vorschriften für die Meisterprüfung im Elektro-Maschinenbauer-Handwerk“*) folgende Grundforderungen vorgesehen:

1. Anreißen und Messen,
2. Feilen,
3. Biegen, Richten, Nieten, Verschrauben,
4. Schmieden,
5. Gewindeschneiden,
6. Bohren,
7. Drehen,
8. Schweißen,
9. Werkzeuginstandsetzen,
10. Löten,
11. Wickeln (Anker-, Ständer-Wickeln),
12. Imprägnieren von Wicklungen,
13. Fehlerbestimmen,
14. Kenntnis der VDE-Vorschriften REM und RET,
15. Handwerker-Buchführung,
16. Selbstkostenrechnung,
17. Arbeitsschutz, Unfallverhütung.

---

*) Zu beziehen durch den Verlag: Handwerker-Verlagshaus, Berlin SW 68.

Die Grundforderungen sind Arbeitsverfahren und Handfertigkeiten, deren Beherrschung für die selbständige Ausübung des Elektro-Maschinenbauer-Handwerkes unerläßlich ist.

b) Mindestforderungen

In den einzelnen Grundforderungen sind sogenannte Mindestforderungen zu erfüllen, die in den „Fachlichen Vorschriften" Seiten 8 bis 13 im einzelnen angegeben sind.

Diese Mindestforderungen sind leistungsmäßig so bemessen, daß dieselben nach einer voraufgegangenen, ordnungsmäßigen Lehrzeit im Elektro-Maschinenbauer-Handwerk ohne weiteres erfüllt werden können. Es handelt sich um die Ableistung von praktischen Arbeiten, die täglich in den Instandsetzungswerkstätten elektrischer Maschinen anfallen und demnach jedem Meisterprüfling geläufig sein müssen.

Da das Elektro-Maschinenbauer-Handwerk im Grunde genommen eine Verschmelzung des Schlosser- und Dreherhandwerkes (allgemeiner Maschinenbau) mit der Starkstromtechnik darstellt, so muß im Regelfall die Wahl des Meisterstückes so getroffen werden, daß sowohl:

a) Arbeiten aus dem allgemeinen Maschinenbau (Schlosser-, Dreher-, Schmiedearbeiten usw.),

als auch

b) Arbeiten aus dem Elektromaschinenbau

anfallen.

Jedoch ist nach der Meister-Prüfungsordnung *das Schwergewicht auf den elektrotechnischen Teil der Arbeiten* (Wickeln, Schalten und Löten an elektrischen Maschinen) zu legen. Demnach können als Meisterstücke beispielsweise in Betracht kommen:

c) die Herstellung eines Anker-Prüfmagneten,

d) die Herstellung eines Einphasen-Prüftransformators 220 bis 1500 Volt, ca. 0,3 kVA,

e) die Herstellung eines Drehstrom-Prüfungstransformators in Sternsparschaltung 110/220/380/500 Volt, ca. 5 bis 20 kVA,

f) die Herstellung eines Drehtransformators aus einem Drehstrom-Schleifringanker-Motor (für Prüfzwecke),

g) die Herstellung eines Einanker-Umformers, Gleichstrom-Drehstrom bzw. Drehstrom-Gleichstrom aus einem hierfür geeigneten Gleichstrommotor. Gegebenenfalls hierzu ein Additions- oder Zapftransformator für den Umformer Gleichstrom-Drehstrom,

h) die vollständige Neuwicklung eines größeren Gleich- oder Drehstromläufers und die Anfertigung bzw. Neubelegung eines Kollektors oder die Herstellung eines Schleifringkörpers hierzu oder den Ersatz der Lager (mechanische Arbeiten gehören zum Meisterstück),

i) die vollständige Neuwicklung eines Transformators und außerdem die Neulagerung eines Motors oder die Neubelegung eines Kollektors oder die Herstellung einer Läuferwelle oder einer Kugellager- bzw. Riemenscheiben-Abziehvorrichtung.

c) Was gehört zum Meisterstück

Zu c) Die Ermittlung der Daten für die Wicklung.
Die Anfertigung einer Werkstattzeichnung.
Die Kostenaufstellung.
Eine Beschreibung über die Arbeitsweise und Verwendung des Prüfmagneten.

Zu d) Die Ermittlung der Daten für die Wicklungen.
Sonst wie vor.

Zu e) Wie vor.

Zu f) Wie vor.

Zu g) Wie vor.

Zu h) Die Errechnung der Lamellenmasse für die Neubelegung des Kollektors, Werkstattzeichnung der mechanischen Arbeiten und Kostenaufstellung für die Neuwicklung des gewählten Läufers.

Zu i) Beschreibung und Wirkungsweise eines Transformators. Werkstattzeichnung der mechanischen Arbeit, Kostenaufstellung über die Neuwicklung des Transformators.

Die Bestimmung des Meisterstückes erfolgt in der Regel durch den Vorsitzenden der Prüfungskommission im Einvernehmen mit der letzteren, und zwar unter Berücksichtigung des Ausbildungsganges des Prüflings.

d) Arbeitsproben

Kann der Prüfling nicht den Nachweis bringen, daß den Grundforderungen und den hierfür gestellten Mindestforderungen schon in der Gesellenprüfung genügt wurde, so sind bei den Arbeitsproben die Grundforderungen in vollem Umfange nachzuprüfen.

Die Arbeitsproben bestehen in diesem Falle aus mindestens 5 Aufgaben. Durch 3 Aufgaben sind die Grundforderungen zu prüfen, die an dem Meisterstück nicht nachgewiesen werden. Ferner ist je eine Aufgabe aus dem Gebiete der Hart- oder Weichlötungen und der praktischen Arbeitsprobe an *einem* Werkstück aufzugeben.

Die am Meisterstück nicht nachgewiesenen Grundforderungen können einzeln oder im Zusammenhang mit weiteren Grundforderungen als Arbeitsprobe an einem Werkstück aufgegeben werden.

Beispiele solcher Arbeitsproben sind in den „Fachlichen Vorschriften für die Meisterprüfung im Elektro-Maschinenbauer-Handwerk“ Seite 14 enthalten. Es handelt sich hier um praktische Arbeiten, wie sie täglich in den Instandsetzungswerkstätten elektrischer Maschinen anfallen und deren Beherrschung als eine selbstverständliche Voraussetzung angesehen werden muß.

2. Theoretische Prüfung

Die teils schriftliche, teils mündliche theoretische Prüfung erstreckt sich auf:

a) Die Fachkenntnisse.

b) Die Buch- und Rechnungsführung.

c) Die gesetzlichen Vorschriften betr. Gewerbewesen.

Durch die theoretische Prüfung in den Fachkenntnissen soll der Prüfling insbesondere den Nachweis erbringen, daß er die Bezugsquellen der wichtigsten und in seinem Handwerk gebräuchlichsten Rohstoffe, die Bearbeitung und die üblichen Preise derselben kennt, die Grundgesetze der Elektrotechnik und die Anwendung derselben beherrscht, über den Aufbau und die Wirkungsweise aller Gattungen der elektrischen Maschinen und Meßinstrumente, sowie über die Regeln der Bewertung und Prüfung elektrischer Maschinen ausreichend unterrichtet ist.

Die theoretische Fachprüfung beginnt in der Regel mit einer Besprechung des Meisterstückes sowie der dazu gehörenden Zeichnungen und der Kostenberechnung.

Hieran schließt sich gewöhnlich die schriftliche Fachprüfung, die in der Lösung von etwa sechs einschlägigen Aufgaben besteht.

Die mündliche Fachprüfung bildet gewöhnlich den Abschluß der Prüfung. Sie erstreckt sich im Regelfall auf:

a) Meßkunde

(Aufbau und Wirkungsweise von Zähler, Volt-, Ampere-, Wattmeter, Meßbrücke usw.)

b) Werkstoffkunde*)

Metalle: Stahl, Eisen, Kupfer, Nickel, Aluminium, Blei, Zinn, Metall-Legierungen, Lagermetall.

Isolierstoffe: Isolierlacke auf der Rohstoffgrundlage pflanzlicher Öle. Naturharze, Asphalte (ausl. Rohstoffe).
Isolierlacke auf künstlicher (synthetischer) Rohstoffgrundlage, Kunstharze (deutsche Rohstoffe).
Isolierlack-Verdünnungsmittel.

---

*) Siehe Raskop: Die Isolierlacke, deren Eigenschaften und Anwendung im Elektromaschinen- und Transformatorenbau. Technischer Verlag H. Cram, Berlin W 35, Genthiner Straße 13.

*) Siehe „EMA“: Die elektrische Maschine, Jahrgang 1939/40. Technischer Verlag H. Cram, Berlin W 35.

Isolier-Gewebestoffe aus Zellwolle, Kunstseide, Glasgespinst (deutsche Werkstoffe), Baumwolle, Asbest und Gemische hiervon (ausl. Werkstoffe).
Isolierstoffe aus Papier, Schichtstoffe, Preßspan.
Isolierstoffe aus Glimmer (ausl. Rohstoff).
Isolierstoffe aus Gummi, Buna.
Keramische Isolierstoffe, Preßstoffe.
Imprägniergeräte und Anlagen, Trockenöfen.

Werkstoffe: Umsponnene, umklöppelte, umwickelte Dynamodrähte, hitzebeständige Dynamodrähte.
Lackdrähte.
Gewebebänder und Hohlschläuche aus Baumwolle, Zellwolle, Seide, Kunstseide, Glasgespinst und Gemischen hiervon.
Gewebelose Bänder, Hohlschläuche usw. aus Kunststoffen (deutsche Werkstoffe).

Zubehör: Kohle- und Metallbürsten, Bürstenhalter, Wälzlager.

Öle und Fette: Mineralöle, pflanzliche Öle, Staufferfett, Vaselin.

Betriebs- und Hilfsstoffe: Lötmittel für Weich- und Hartlötungen, Heiz- und Brennstoffe für Lötgeräte, Härtemittel, Kitte.

c) Wirkungsweise, Aufbau und Verwendung elektrischer Maschinen

(Nebenschluß-, Hauptschluß-, Wendepol-, Doppelschlußmotoren, Blindstrom-Kompensatoren, Synchron-Generatoren, Umformer, Wechselstrom-Repulsionsmotoren, Drehstrom-Kollektormotoren, polumschaltbare Drehstrommotoren, Spar-Transformatoren, Drehtransformatoren, Gleichrichter, Doppel- und Mehrnutmotoren usw.)

d) Fachfragen

Leistung, Leistungsfaktor, Wirkungsgrad, Kurzschlußspannung bei Transformatoren, Kurzschlußstrom bei Drehstrommotoren, elektrische Maßeinheiten, Prüfspannungen, Amperewindungen, zulässige Erwärmung elektrischer Maschinen, Gleichstrom-Ankerwicklungen (Schleifen-, Reihen- und Reihenparallelwicklungen). Isolierstoffe, Imprägnierung von Wicklungen, Schaltarten bei Transformatoren, Parallelschalten von Transformatoren, Drehzahlerhöhung bei Gleichstrommotoren, Garantiezeit, Funkenbildung bei Kollektormaschinen usw.

e) Geschäfts-, Buch- und Rechnungsführung

Die teils mündliche, teils schriftliche Prüfung in der Buch- und Rechnungsführung füllt in der Regel den Vormittag des Prüfungstages aus. Dieselbe erstreckt sich auf die einfache Handwerker-Buchführung und allgemeine Grundsätze des Wechselrechtes. Im Zusammenhang hiermit stehen in der Regel mündliche Aufgaben über die gesetzlichen Vorschriften betr. Gewerbewesen, Gewerbeordnung, Versicherungsgesetze, Genossenschaftsrecht, Lehrlingsfragen, Erwerbslosenfürsorge, Steuerfragen, Handwerkskammer, Pflichtinnungen, Patentschutz usw.

f) VDE-Vorschriften

Der Meisterprüfling muß die einschlägigen Vorschriften des Verbandes Deutscher Elektrotechniker beherrschen, die im Rahmen der

Regeln für Bewertung und Prüfung elektrischer Maschinen
VDE, 0530/3. 59

Regel für Bewertung und Prüfung von Transformatoren
(DIN 57 532, 57 532 U)

für die Instandsetzung und Neuwirkung elektrischer Maschinen und Transformatoren in Betracht kommen; z. B. REM §§ 17, 18, 20, 21, 29, 32, 33, 34, 35, 36, 37, 45, 46, 68, 69, 70.

3. Ergebnis der Prüfung

Nach Beendigung der Prüfung, über deren Verlauf eine von sämtlichen Mitgliedern der Prüfungskommission zu unterschreibende Verhandlung aufgenommen wird, beschließt die Prüfungskommission, ob die Prüfung genügend, gut oder sehr gut, oder ob sie nicht bestanden ist.

Ist die Prüfung nicht bestanden, so bestimmt die Prüfungskommission einen Zeitraum, vor dessen Ablauf sie nicht wiederholt werden darf.

War das Meisterstück für genügend befunden, so kann der Prüfling von der Anfertigung eines neuen Meisterstückes entbunden werden.

Das Ergebnis der Prüfung wird dem Prüfling am Schluß des Prüfungstermines durch den Vorsitzenden der Prüfungskommission unter gleichzeitiger Aushändigung des Meisterbriefes bekanntgegeben.

Mehr als zweimal darf die Prüfung in der Regel nicht wiederholt werden.

II.) Die Vorbereitung zur Meisterprüfung

Durch die Ablegung der Meisterprüfung soll der Prüfling nicht nur den Nachweis darüber erbringen, daß er imstande ist, das Handwerk selbständig auszuüben. Darüber hinaus liegt dem Handwerksmeister auch noch die Ausübung eines wichtigen Lehr- und Erziehungsamtes — nämlich die Anleitung und Ausbildung des handwerklichen Nachwuchses ob.

Der Elektro-Maschinenbauer-Meister muß demnach auch in der Lage sein, elementare Fachfragen aus der allgemeinen Elektrotechnik, die im Rahmen der Lehrlingsausbildung an ihn herantreten können, eindeutig zu beantworten.

Der Prüfling wird seine Vorbereitung demnach zweckmäßig mit der Auffrischung seiner Kenntnisse über die Begriffe und Grundgesetze der Elektrotechnik an Hand geeigneter Fachliteratur beginnen, damit er gegebenenfalls die Fragen:

Was ist ein Volt?
„ „ „ Ampere?
„ „ „ Ohm?
„ „ „ Watt?

genau so prompt beantworten kann, wie bedeutend schwierigere Fachfragen, die ihm durch die Anwendung in der täglichen Praxis geläufiger sind.

1. Meßkunde

Der Meisterprüfling muß die verschiedenen Arten und Gattungen der elektrischen Meßinstrumente:

a) Elektromagnetische bzw. Weicheiseninstrumente für Gleich- und Wechselstrom (Volt- und Amperemeter),
b) Drehspulinstrumente nur für Gleichstrom (Millivolt, Milliampere, Voltmeter, Amperemeter),
c) Ferrodynamische Instrumente für Gleich- und Wechselstrom (Wattmeter),
deren Zubehör (Strom-, Spannungswandler, Vorschaltwiderstände, Shunt),
d) Meßbrücke (Ohmmeter, Zähler usw.),

sowie deren Anwendung und Betriebsschaltung kennen. Insbesondere muß ihm die Zweiwattmetermethode (Wattmeter mit Wattmeterumschalter für Leistungsmessungen an Drehstrommotoren) geläufig sein.

Über den Aufbau und die Anwendung der elektrischen Meßinstrumente geben die Kataloge und Preislisten der Instrumentenfabriken Auskunft.

Überdies existiert über Meßinstrumente und Meßkunde eine sehr reichhaltige Literatur, durch deren Studium etwa fehlende Kenntnisse erworben werden können.

2. Fachfragen

Die in das eigentliche Fachgebiet des Elektromaschinenbauers fallenden Fragen sind fast restlos in den Werken*) des Verfassers:

1. Die Instandsetzungen an elektrischen Maschinen und Transformatoren, 3. Auflage „Das Elektromaschinenbauerhandwerk“,
2. Der Katechismus für die Ankerwickelei, 12. Auflage,
3. Das Berechnungsbuch des Ankerwicklers, 7. Auflage,
4. Isolierlacke, 3. Auflage,

ausführlich behandelt. Die Lösung der einschlägigen Fachfragen ist daher durch Studium der betreffenden Textabschnitte in Verbindung mit der gestellten Aufgabe für den Regelfall möglich.

3. Kostenaufstellung

Mit Recht wird im Rahmen der Meisterprüfung der Kostenaufstellung (Ermittlung der Geschäftsunkosten, Aufstellung eines Kostenvoranschlages an Hand der Faktoren: produktive Löhne, Materialaufwand, Geschäftsunkostenzuschlag auf die produktiven Löhne, Unternehmergewinn) erhöhte Bedeutung beigemessen.

Von der richtigen Preisstellung hängt letzten Endes die Existenzmöglichkeit des einzelnen und die wirtschaftliche Gesundung des gesamten Berufsstandes ab.

Der Prüfling muß sich daher in der Kostenaufstellung ausreichend schulen und hierzu bieten die täglichen Fälle aus dem praktischen Berufsleben die beste Gelegenheit.

4. Buch- und Rechnungsführung

Es erscheint zweckmäßig für den Prüfling, an einem örtlich stattfindenden Kursus über Buch- und Rechnungsführung teilzunehmen, wozu im Regelfall Gelegenheit gegeben ist. Andernfalls bietet auch die einschlägige Fachliteratur die Möglichkeit, sich durch Studium etwa fehlende Kenntnisse auf diesem Gebiete anzueignen.

Jeder selbständige Handwerker soll einen Wechsel ausstellen können und über die Bedeutung desselben unterrichtet sein. Er muß auch in der Aufstellung der Eröffnungsbilanz und in der Führung der notwendigen Geschäftsbücher (Inventarbuch, Kassabuch, Tagebuch, Bestellbuch, Lohnbuch usw.) bewandert sein.

Das eine ist so wichtig wie das andere, und deshalb ist es notwendig, daß die Vorbereitung zur Ablegung der Meisterprüfung alle einschlägigen Gebiete umfaßt

---

*) Zu beziehen durch den Technischen Verlag H. Cram, Berlin W 35, Genthiner Straße 13.

Im Vordergrund stehen hierbei natürlich die eigentlichen Fachfragen. Die beste Vorbereitung zur Meisterprüfung ist durch die Teilnahme an einem speziell auf die Belange der Elektro-Maschinenbauer zugeschnittenen Kursus gewährleistet. Indessen wird im Regelfall die Zahl der Teilnehmer nicht für eine örtliche Gemeinschaftsschulung ausreichen.

In solchen Fällen ist eine Fernschulung am Platze, wenn die Möglichkeit des Besuches einer gewerblichen Fortbildungsschule nicht gegeben ist. Auf alle Fälle muß in der Vorbereitung Plan und System liegen. Diese Voraussetzungen werden, von wenigen Ausnahmen abgesehen, nur durch Teilnahme an einem Vorbereitungskursus geschaffen.

5. Welche Leistungen werden von einem Elektro-Maschinenbauer-Meisterprüfling verlangt

Um dem Prüfling eine Übersicht über Art und Umfang einer Meisterprüfung, sowie über die an ihn gestellten Anforderungen zu geben, sei nachstehend das Beispiel einer Meisterprüfung wiedergegeben.

a) Meisterstück

Nachdem das Gesuch um Zulassung zur Meisterprüfung von der Prüfungskommission der zuständigen Handwerkskammer genehmigt und der Prüfling verständigt ist, beauftragt die Handwerkskammer bzw. der Vorsitzende der Prüfungskommission aus den Reihen der Beisitzer einen sogenannten Schaumeister mit der Überwachung, Abnahme und Beurteilung des Meisterstückes.

Der Schaumeister (Mitglied der Prüfungskommission) setzt sich hierauf mit dem Prüfling in Verbindung. Er erklärt demselben, wo und unter welchen Bedingungen das Meisterstück herzustellen ist und setzt einen Termin zur Fertigstellung der Arbeiten fest.

Nach erfolgter Abnahme des Meisterstückes durch den Schaumeister erstattet dieser Bericht an den Vorsitzenden der Prüfungskommission, der alsdann den Termin für die theoretische Prüfung ansetzt und den Prüfling hierzu schriftlich einladet.

b) Theoretische Prüfung

Die theoretische Prüfung findet in der Regel in einem Lehr- und Versuchsraum für Elektrotechnik, der einer städtischen Gewerbe- oder Industrieschule angegliedert ist, oder in einem geeigneten Raum bei der Handwerks- bzw. Gewerbekammer statt. Gegebenenfalls kann der fachliche Teil der theoretischen Prüfung auch in eine am Platze befindliche. entsprechend eingerichtete Werkstatt verlegt werden.

Entscheidungen hierüber trifft in der Regel die Handwerkskammer bzw. der Vorsitzende der Prüfungskommission nach vorherigem Einverständnis mit der Kammer.

Prüfungsaufgaben-Beispiel

1. Meisterstück

Es ist ein Ankerprüfmagnet zum Anschluß an Wechselstrom 220 Volt 50 Hertz, und zwar:

1. Das Blechpaket mit Haltekonstruktion,
2. die Wicklung,
3. eine Werkstattzeichnung hiervon,
4. eine Kostenaufstellung,
5. eine Beschreibung des Prüfmagneten und die Wirkungsweise desselben,
6. ein Nachweis über die Ermittlung der Wickeldaten

herzustellen bzw. anzufertigen.

2. Schriftliche Fachprüfung

Es sind schriftlich folgende Aufgaben zu lösen:

Aufgabe Nr. 1: Ein betriebstüchtiger Drehstrommotor 7,36 kW, 10 PS, 216/124 Volt, 1450 n (4polig), 26/52 Amp. soll für 380 bis 220 Volt umgewickelt werden.

Die vorgefundenen Daten sind folgende:

Ständer: 48 Nuten, je Nute 20 Drähte, 2 Drähte parallel, Draht 2,1 mm ø, je Phase 2 Gruppen in Serie, Sternschaltung bei 216 Volt.

Läufer: 36 Nuten, je Nute 7 Drähte, Draht 3,2 mm ø, je Phase 2 Gruppen in Serie, Sternschaltung.

Kupfergewicht des Ständers = ca. 16 kg,
„ „ Läufers = ca. 10 kg,
Drahtquerschnitt im Ständer = ca. 3,46 mm^2,
„ „ Läufer = ca. 8,04 mm^2.

Fragen.

a) Welche Wickeldaten muß der Ständer erhalten (Leiterzahl je Nute, Drahtquerschnitt und Schaltung)?

b) Welche Wickeldaten muß der Läufer erhalten?

c) Welche Vollastströme treten in der Ständerwicklung bei 220 und 380 Volt Betriebsspannung auf?

d) Welche Schleifringspannung tritt bei Stillstand des Läufers auf?

e) Was kostet die Umwicklung (Aufstellung einer Kostenberechnung)?

Aufgabe Nr. 2: Ein Drehstrommotor 7,5 kW, 10,2 PS, 1440 n soll eine Transmission antreiben. Die Riemenscheibenmaße des Motors sind:

200 mm Durchmesser,
120 mm Breite.

Frage: Wie groß muß der Scheibendurchmesser der Transmission sein, wenn die Drehzahl derselben 260 in der Minute betragen soll?

Aufgabe Nr. 3: Ein Gleichstrommotor Fabrikat AEG Type EG 50, 1200 n, 220 Volt, 5 PS, 3,7 kW, 20 Amp. soll mit einer Kreiselpumpe von 1500 n direkt gekuppelt und für diesen Zweck umgewickelt werden. Die vorgefundenen Daten sind folgende:

Anker: 33 Nuten, Nutenschritt 1 : 9, 4polig, Formspulenwicklung — Dreifachspulen, je Nute 24 Leiter = 48 Drähte, Draht 1,1 mm ø, 2 Drähte parallel, Reihenwicklung, Kollektor = 99 Lamellen, Kollektorschritt 1—50.

Feldmagnete: 4 Spulen in Serie, je Spule 3300 Windungen, Draht 0,6 mm ø.

Drahtquerschnitt im Anker = 0,95 mm^2,
„ „ Feld = 0,2827 mm^2.

Fragen:

a) Wie ist die Umwicklung durchzuführen?

b) Welche Wickeldaten erhält der Anker?

c) Welche Wickeldaten erhält das Magnetfeld?

d) Welche ungefähre Leistung gibt der Motor bei 1500 n ab?

e) Welchen Vollaststrom nimmt der Motor bei dieser höheren Leistung auf?

f) Was muß mit dem Leistungsschild des Motors gemäß REM (Regeln für die Bewertung und Prüfung elektrischer Maschinen) geschehen?

Aufgabe Nr. 4: Ein Drehstrommotor 4 kW, 5,5 PS, 380/220 Volt, 1450 n, 8,8/15 Amp. Läuferspannung = 120 Volt, dessen Ständer neugewickelt worden ist, zeigt auf dem Prüfstand folgende Fehlererscheinungen:

1. Der Leerlaufstrom ist auffällig gering.
2. Der Läufer fällt schon bei geringer Belastung außer Tritt und bleibt stehen. Windungs-, Lagen- oder Eisenschluß liegt nicht vor.
3. Die Läuferspannung bei Stillstand beträgt nur ca. 60 Volt.
   Die Wickeldaten sind folgende:
   a) *Ständer:* 48 Nuten, 4polig, je Nute 52 Drähte, Draht 1,3 mm ø, 2 · Bw., je Phase 2 Gruppen in Serie, Sternschaltung bei 380 Volt.
   b) *Läufer:* 60 Nuten, je Nute 7 Drähte, Draht 2,5 mm ø, 2 · Bw., je Phase 2 Gruppen in Serie, Sternschaltung.
   Drahtquerschnitt im Ständer = ca. 1,33 mm^2.

Fragen:

a) Wo liegt die Ursache der Fehlererscheinung?

b) Der Ständer soll gemäß obiger Angaben bei Nennlast und 380 Volt, 8,8 Amp. aufnehmen. Ist der Drahtquerschnitt im Ständer hierfür ausreichend?

c) Wie stark muß der Querschnitt des Drahtes für die Ständerwicklung sein, wenn eine spezifische Strombelastung von 3,3 Amp. je mm² zugelassen ist?

d) Welche Änderungen müssen vorgenommen werden, damit sowohl der richtige Leiterquerschnitt im Ständer als auch die richtige Läuferspannung von ca. 120 Volt erreicht wird?

Aufgabe Nr. 5: Ein 4poliger Gleichstrom-Nebenschlußmotor 4kW, 5,5 PS, 1450 n, 22 Amp. besitzt 4 Magnetspulen, wovon jede einen Ohmschen Widerstand von 32,5 Ohm hat.

Fragen:

a) Wie groß ist der totale Widerstand des Magnetfeldes?

b) Welcher Nebenschlußstrom tritt bei 220 Volt Netzspannung auf?

c) Wieviel Widerstand muß vor das Magnetfeld geschaltet werden, um den Nebenschlußstrom auf ½ des ursprünglichen Wertes herabzusetzen?

d) Wieviel Prozent des schildmäßigen Nennstromes beträgt ungefähr der Magnetstrom eines Nebenschlußmotors (im vorliegenden Falle? % von 22 Amp.)?

Aufgabe Nr. 6: Die Leistungsmessung eines Drehstrommotors mit Hilfe einer Bremsscheibe und Gewichte ergab folgende Werte:

Spannung	= 380 Volt
Wattaufnahme	= 8800 Watt,
Hebelarm der Bremsscheibe	= 0,5 m,
Belastungsgewicht	= 10 kg,
Stromaufnahme	= 15,5 Amp.,
Drehzahl	= 1440 n.

Fragen:

a) Welche Leistung wurde von dem Motor abgegeben?

b) Welchen Wirkungsgrad hat der Motor?

c) Welchen Leistungsfaktor hat der Motor?

3. Lösung der Schriftlichen Prüfungsaufgaben-Beispiele

Aufgabe Nr. 1:

a) Das Verhältnis der beiden Spannungen 216 und 380 Volt zueinander ist = 380 : 216 = rund 1,76. Demnach muß die vorgefundene Leiterzahl des Ständers für 380 Volt mit 1,76 multipliziert werden:

$$10 \cdot 1{,}76 = \text{rund } 18 \text{ Leiter je Nute.}$$

Der Leiterquerschnitt muß durch 1,76 geteilt werden. Dieser beträgt bisher $2 \cdot 3{,}46 = 6{,}92\ mm^2$, muß also für 380 Volt

$$6{,}92 : 1{,}76 = \text{rund } 3{,}93\ mm^2$$

betragen. Die Schaltung wird bei 380 Volt:

je Phase 2 Gruppen in Serie, Sternschaltung.

b) Die Läuferwicklung bleibt unverändert.

c) Bei 380 Volt tritt ein Vollaststrom von ca. $26 : 1{,}76 = 14{,}77$ Amp. und bei 220 Volt $= 14{,}77 \cdot 1{,}73 = 25{,}55$ Amp. auf.

d) Die ungefähre Schleifringspannung ergibt sich aus dem Verhältnis der totalen Leiterzahl im Ständer und Läufer, bezogen auf die Ständerspannung.

Die Leiterzahl im Ständer wird $= 48 \cdot 18 = 864$
" " " Läufer " $= 36 \cdot 7 = 252$

Das Verhältnis der Leiterzahlen zueinander ist

$$864 : 252 = 3{,}42.$$

Demnach beträgt die Läuferspannung bei Stillstand etwa

$$380 : 3{,}42 = 111 \text{ Volt.}$$

e) Die Kosten der Umwicklung des Ständers betragen:

Werkstoffe:

16 kg Dynamodraht	DM	24,00
1,5 kg Isolierlack	DM	2,60
Preßspan, Ölleinen, Jakonettband	DM	2,00
Löt- und Kleinmaterial	DM	1,00
	DM	29,60

Produktive Löhne:

Wickel- und Schaltarbeit (20 Std.)	DM	20,00
Montage und Prüfarbeiten (6 Std.)	DM	6,00
	DM	26,00

Geschäftsunkosten:

150% auf die produktiven Löhne	DM	39,00

Gestehungskosten:

Werkstoffe	DM	29,60
Löhne	DM	26,00
Generalien	DM	39,00
	DM	94,60
zuzüglich Unternehmergewinn = 15% der Gestehungskosten	DM	14,19
	DM*)	108,79

*) In der Kalkulation sind die jeweils gültigen Tagespreise einzusetzen.

Aufgabe Nr. 2: Der Scheibendurchmesser der Transmission ergibt sich aus:

$$\frac{\text{Motorriemenscheibendurchmesser} \cdot \text{Ankerdrehzahl}}{\text{Drehzahl der Transmission}}$$

Demnach:

$$\frac{200 \cdot 1440}{260} = 1107 \text{ mm.}$$

Wegen des Riemenschlupfes wird ein Durchmesser von etwa 1070 mm gewählt.

Aufgabe Nr. 3:

a) Durch die Umwicklung des Ankers, und zwar durch Herabsetzung der Leiterzahl im Anker und entsprechender Verstärkung des Leiterquerschnittes. Wickel- und Kollektorschritt wird beibehalten.

b) Die Herabsetzung der Ankerleiter geschieht im Verhältnis der Drehzahlen 1200 : 1500 zueinander. Dieses Verhältnis ist = 0,8. Demnach entfallen je Nute

$$0{,}8 \cdot 24 \text{ Leiter} = 19{,}2 \text{ Leiter.}$$

Bei Dreifachspulen muß die totale Leiterzahl je Nute auf 18 reduziert werden.

Je Nute demnach 18 Leiter.

Der vorgefundene Drahtquerschnitt ist in demselben Verhältnis zu verstärken. Bei 1200 n betrug der totale Leiterquerschnitt 2 · 0,95 = 1,90 mm². Bei 1500 n beträgt der Leiterquerschnitt 1,90 : 0,8 = 2,37 mm². Bei 2 Drähten parallel 2,37 = 1,18 mm². Wickel- und Kollektorschritt bleiben unverändert.

c) Die Magnetwickeldaten bleiben unverändert.

d) Die Leistung des Motors erhöht sich im Verhältnis der Drehzahlsteigerung auf

$$5 : 0{,}8 = \text{ca. } 6{,}25 \text{ PS}$$

oder

$$1500 : 1200 = 1{,}25 \cdot 5 \text{ PS} = 6{,}25 \text{ PS.}$$

e) Der Vollaststrom erhöht sich im gleichen Verhältnis wie die Drehzahlsteigerung. Demnach beträgt derselbe bei 6,25 PS

$$20 \cdot 1{,}25 = 25 \text{ Amp.}$$

f) Gemäß REM § 70 muß neben dem Ursprungsleistungsschild ein Leistungsschild angebracht werden, welches den Namen der ändernden Firma, die neuen Angaben der Maschine nach § 69 REM und die Jahreszahl der Änderung enthält (VDE, 0530 7, 55).

Aufgabe Nr. 4:

a) Die Leiterzahl im Ständer ist doppelt so groß als dieselbe sein muß, wenn die Läuferspannung von 120 Volt bei Stillstand des Läufers eintreten soll. Hierdurch ist der Magnetisierungs- und Leerlaufstrom zu gering. Der Motor ist zu weich und kann seine Nennleistung nicht abgeben.

b) Der Drahtquerschnitt von 1,33 mm^2 reicht für die Nennleistung des Motors nicht aus.

c) der Leiterquerschnitt muß

$$8{,}8 \text{ Amp.} : 3{,}3 \text{ Amp.} = 2{,}66 \text{ mm}^2$$

betragen.

d) Die zwei zu einer Phase gehörenden Gruppen müssen parallel geschaltet werden. Damit wird die Leiterzahl im Ständer auf ½ des Wertes herabgesetzt und der Leiterquerschnitt verdoppelt. Gleichzeitig wird das Übersetzungsverhältnis der Leiterzahlen im Ständer und Läufer entsprechend geändert und die Läuferspannung auf den Nennwert 120 Volt heraufgesetzt. Der Leerlaufstrom erreicht seinen Normalwert (ca. 25—$33^1/_3$% des Nennstromes).

Aufgabe Nr. 5:

a) Der totale Widerstand des Magnetfeldes ist = 4 · 34,37 = 137,48 Ohm.

b) Der Nebenschlußstrom ist = 220 : 137,48 = 1,6 Amp.

c) Es muß ein Widerstand von 137,48 Ohm in den Nebenschlußkreis eingeschaltet werden, damit der Nebenschlußstrom auf 0,8 Amp. herabgesetzt wird.

$$137{,}48 + 137{,}48 = 274{,}96 \text{ Ohm.}$$
$$220 : 274{,}96 = \text{rund } 0{,}8 \text{ Amp.}$$

d) Der Nebenschlußstrom beträgt in der Regel ca. 5—7% des Nennstromes. Im vorliegenden Falle etwa 7,4%.

Aufgabe Nr. 6:

a) Die Leistung in PS ergibt sich aus der Formel:

$$\frac{P \cdot r \cdot n}{716}$$

Dieselbe beträgt daher

$$\frac{10 \cdot 0{,}5 \cdot 1440}{716} = 10{,}0 \text{ PS.}$$

b) Der Wirkungsgrad ergibt sich aus der Beziehung: abgegebene Leistung zur aufgenommenen Leistung

$$10 \text{ PS} = 7360 \text{ Watt.}$$

Demnach:

$$\frac{7360 \text{ Watt}}{8800 \text{ Watt}} = 0{,}836 = 83{,}6\%$$

c) Der Leistungsfaktor ergibt sich aus:

$$\frac{\text{Wattaufnahme}}{\text{Volt} \cdot \text{Amp.} \cdot 1{,}73} = \frac{8800}{380 \cdot 15{,}5 \cdot 1{,}73} = 0{,}86.$$

4. Mündliche Prüfungsaufgaben-Beispiele

a) Elektromaschinenbau

1. Was versteht man unter Kurzschlußspannung bei einem Transformator und wie wird dieselbe gemessen?
2. Was versteht man unter Amperewindungen?
3. Mit welcher ungefähren Prüfspannung muß nach den REM § 45 der Ständer eines normalen offenen 5-PS-Drehstrommotors 380 Volt auf Isolationsfestigkeit geprüft werden?
4. Wie groß ist die Zahl der parallelgeschalteten Stromzweige bei einer 4poligen Gleichstromanker-Schleifen-(Parallel-)Wicklung?
5. Was tritt ein, wenn bei einem Drehstrommotor etwa durch Abdrehen des Läufers der Luftspalt vergrößert wird?
6. Wodurch kann man den Leerlaufstrom eines Drehstrommotors herabsetzen?

b) Meßkunde

1. Welche elektrischen Meßinstrumente braucht man bei einer Drehstrommotor-Leistungsmessung?
2. Woraus besteht ein Spannungswandler und zu welchem Zweck wird derselbe benutzt?
3. Mit welchen elektrischen Meßinstrumenten kann man die Leistungsaufnahme eines Gleichstrommotors messen?
4. Wie kann man die Temperaturen der Wicklungen an einer elektrischen Maschine messen?
5. Wie kann man den Ohmschen Widerstand der Nebenschlußwicklung eines Gleichstrommotors bestimmen?
6. Welche Art Meßinstrumente kann man nur für Gleichstrommessungen verwenden?

5. Lösung der mündlichen Prüfungsaufgaben-Beispiele

a) Elektromaschinenbau

1. Die Amperewindungen sind das Produkt aus Ampere- mal Windungszahl.
2. Unter Kurzschlußspannung bei einem Transformator versteht man diejenige Spannung, an welcher die Primärwicklung angelegt werden muß, damit in der kurzgeschlossenen Sekundärwicklung der auf dem Leistungsschild vermerkte Nennstrom fließt.

Man mißt die Kurzschlußspannung, indem man die Sekundärwicklung über ein Amperemeter kurzschließt und die der Primärwicklung zugeführte Spannung allmählich so lange erhöht, bis das Amperemeter in der Sekundärwicklung den Nennstrom anzeigt.

Das Verhältnis der Prüfspannung zur Nennspannung, in Prozente ausgedrückt, ergibt die sogenannte Kurzschlußspannung.

3. Mit etwa 1500 Volt.
4. Die Zahl ist = 4.
5. Der Motor wird in der Regel unbrauchbar, weil die Werte Leistung, Leistungsfaktor und Wirkungsgrad durch Vergrößerung des Luftspaltes herabgesetzt werden.
6. Durch Erhöhung der Leiterzahl im Ständer und durch Verkleinerung des Luftspaltes kann man den Leerlaufstrom herabsetzen. Indessen sind hier Grenzen gesetzt.

b) Meßkunde

1. Für die Leistungsmessung an einem Drehstrommotor sind folgende Meßinstrumente erforderlich:
   Wattmeter, Wattmeter-Umschalter, Voltmeter, Amperemeter, Drehzahlmesser.
2. Ein Spannungswandler ist ein kleiner Einphasen-Wechselstromtransformator, mit dessen Hilfe die Hochspannung in die Meßspannung (in der Regel 110 Volt) umgewandelt wird.
3. Mit einem Volt- und einem Amperemeter kann man die Leistungsaufnahme eines Gleichstrommotors messen.
4. Mit Hilfe von Thermometern, die mit Stanniol umwickelt, sorgfältig an die Wicklung gelegt werden. Durch Messung der Widerstandszunahme einer erwärmten Wicklung kann man ebenfalls die Temperatur derselben bestimmen.
5. Man legt die Wicklung an eine Gleichspannung und stellt die Stromaufnahme derselben fest.

   Der Widerstand ergibt sich an Hand dieser Meßwerte nach dem Ohmschen Gesetz aus:

$$\text{Widerstand} = \frac{\text{Spannung}}{\text{Strom}}$$

6. Die Drehspulinstrumente können nur für Gleichstrommessungen verwendet werden.

III.) Schulungsaufgaben

1. Mündliche Fachprüfung

a) Elektrotechnik und Elektromaschinenbau (Ankerwickelei)

1. Was ist ein Kilowatt?
2. Was versteht man unter „Wirkungsgrad“?
3. Was versteht man unter „Leistungsfaktor“?
4. Was versteht man unter „Kurzschlußstrom“ bei einem Drehstrommotor und wie wird derselbe gemessen?
5. Was versteht man unter „Kurzschlußspannung“ bei einem Transformator und wie wird dieselbe gemessen?
6. Was versteht man unter „Nennleistung“?
7. Was versteht man unter „scheinbare Leistung“?
8. Welche Kühlmittel werden bei elektrischen Maschinen angewandt?
9. Welche Temperatur darf die Ständerwicklung eines normalen Drehstrommotors 5,5 kW erreichen?
10. Was versteht man unter „Grenzerwärmung“ bei Wicklungen an elektrischen Maschinen?
11. Was versteht man unter „Grenztemperatur“ bei Wicklungen an elektrischen Maschinen?
12. Mit welcher Spannung muß die Ständerwicklung eines normalen Drehstrommotors 500 Volt, 5,5 kW auf Isolationsfestigkeit geprüft werden?
13. Wo sind Angaben über die Prüfspannungen zu finden?
14. Nach welchen Grundsätzen erfolgen allgemein die Prüfungen und Bewertungen elektrischer Maschinen?
15. Was versteht man unter „Ampere-Windungen“?
16. Welche Vorschriften bestehen hinsichtlich des Leistungsschildes, wenn elektrische Maschinen umgewickelt werden?
17. Wieviel Watt ist = PS?
18. Wie groß ist die Zahl der parallelen Stromzweige bei einer 4poligen Gleichstromanker-Schleifenwicklung?
19. Wie groß ist die Zahl der parallelen Stromzweige bei einer mehrpoligen Reihenwicklung?
20. Wie groß ist die Zahl der parallelen Stromzweige bei einer mehrpoligen Reihen-Parallelwicklung?
21. Welche Voraussetzungen müssen für das Parallelarbeiten von Transformatoren erfüllt sein?

22. Wodurch unterscheidet sich ein Drehstrom-Synchronmotor von einem Drehstrom-Asynchronmotor?
23. Was versteht man unter einem „kompensierten Drehstrommotor"?
24. Was tritt ein, wenn man bei einem Drehstromtransformator die in Sternschaltung ausgeführte Sekundärwicklung in eine Zickzackschaltung umändert?
25. In welcher Weise muß bei einem Transformator die Windungszahl geändert werden, wenn die bei Stern/Sternschaltung erzielte Sekundärspannung bei Stern/Zickzackschaltung erzielt werden soll?
26. Woraus besteht ein Drehtransformator (Aufbau desselben)?
27. Welchem Zweck dient ein Drehtransformator?
28. Was versteht man unter Träufelwicklung bei Drehstrommotoren?
29. Welche Vor- und Nachteile hat die Träufelwicklung?
30. Was versteht man unter einem Transformator in „Sparschaltung"?
31. Welche Vorteile bietet der Spartransformator?
32. Was ist ein Einanker-Umformer?
33. Was ist ein Einanker-Sparumformer?
34. Welche Isolierstoffe werden in der Ankerwickelei verwendet?
35. Welche Ansprüche werden an Isolierstoffe gestellt?
36. Worin unterscheiden sich ofentrocknende und lufttrocknende Lacke?
37. Welche von diesen beiden Sorten ist nach Möglichkeit vorzuziehen?
38. Wie soll die Imprägnierung eines neugewickelten Gleichstromankers vor sich gehen?
39. Auf welche Ursachen kann die Funkenbildung bei Gleichstrommaschinen beruhen?
40. Welche Mittel können zur Beseitigung der Funkenbildung angewandt werden?
41. Was tritt ein, wenn bei einem Drehstrommotor der Luftspalt vergrößert wird?
42. Auf welche Ursachen kann ein schlechter Anlauf des Käfigläufers eines Drehstrommotors zurückgeführt werden?
43. Welche Mittel können zur Verbesserung des Anlaufes eines Käfigläufers angewandt werden?
44. Was tritt ein, wenn der Luftspalt zwischen Anker- und Magnetfeld eines Gleichstrom-Nebenschlußmotors vergrößert wird?
45. Desgleichen verkleinert wird?
46. Auf welche Ursachen kann das „Heulen" eines Drehstrom-Kurzschlußankermotors zurückgeführt werden?
47. Welche Mittel können zur Beseitigung des „Heulens" angewandt werden?
48. Auf welche Ursachen können starke Vibrationen ortsfest montierter Elektromaschinen zurückgeführt werden?

49. Wieviel Prozent des Nennstromes beträgt in der Regel der Leerlaufstrom bei normalen Drehstrommotoren (von — bis %)?
50. Wodurch kann man den Leerlaufstrom eines Drehstrommotors herabsetzen?
51. Mit welchen Mitteln kann man den Leistungsfaktor bei einem Drehstrommotor verbessern?
52. Was versteht man unter Doppelnutmotoren (Drehstrommotoren)?
53. Zu welchem Zweck werden Doppel- bzw. Mehrnutmotoren hergestellt?
54. Was ist eine Gleichstrom-Dreileitermaschine und aus welchem Grunde werden solche Maschinen hergestellt?
55. Was versteht man unter einer Zusatzdynamo und zu welchem Zweck werden solche Maschinen hergestellt?
56. Durch Anwendung welcher Mittel kann man die Drehzahl des Ankers bei einem Gleichstrommotor erhöhen?
57. Welches sind die elektrischen Maßeinheiten?
58. Was versteht man unter „spezifischer Widerstand" eines metallischen Leiters?
59. Wie groß ist der spezifische Widerstand von Kupfer?
60. Wie lautet das „Ohmsche Gesetz"?
61. Welche Maschinenarten gibt es für Gleichstrombetrieb?
62. Welche Maschinenarten gibt es für Wechsel- bzw. Drehstrombetrieb?
63. Welche Eigenschaften hat ein Gleichstrom-Hauptschlußmotor?
64. Welche Eigenschaften hat ein Gleichstrom-Nebenschlußmotor?
65. Welche Eigenschaften hat ein Gleichstrom-Doppelschlußmotor?
66. Was versteht man unter einem polumschaltbaren Drehstrom-Asynchronmotor und zu welchem Zweck werden solche Motoren hergestellt?
67. Was versteht man unter einem „Universalmotor"?
68. Wie verhält sich die Leistungsabgabe eines Universalmotors, wenn derselbe mit Einphasen-Wechselstrom gespeist wird?
69. Was versteht man unter einem „Einphasen-Wechselstrom-Anwurfmotor"?
70. Kann man einen normalen Drehstrommotor als Einphasen-Wechselstrommotor verwenden?
71. Wie verhält sich die Leistungsabgabe, wenn ein Drehstrommotor als Einphasenmotor verwendet wird?
72. Was versteht man unter einem „Frequenzumformer"?
73. Wie verhält sich ein Drehstrommotor für 50 Hertz, wenn derselbe mit 25 Hertz betrieben wird?
74. Bei welchem Drehstrommotor läßt sich die Drehzahl des Läufers verlustlos regulieren?
75. Auf welche Weise kann man einen normalen Drehstrom-Schleifringläufermotor als Periodenumformer (Frequenzumformer) verwenden?
76. Wovon ist die Läuferdrehzahl eines Drehstrom-Asynchronmotors abhängig?

b) Geschäftliches

77. Welche Garantiezeit wird in der Regel bei Lieferung fabrikneuer Elektromaschinen eingeräumt?
78. Welche bei neugewickelten Maschinen?
79. Von welchen Lieferungen ist Umsatzsteuer zu zahlen?
80. Wann haben Lieferungsbedingungen Rechtsverbindlichkeit?
81. Welche Bücher muß der selbständige Elektro-Maschinenbauer-Meister führen?
82. Was hat der Elektro-Maschinenbauer-Meister zu tun, wenn er sein Geschäft eröffnet?
83. Wie stellt er fest, ob das Geschäft im abgelaufenen Jahr vorwärts gekommen ist, oder zurückgegangen ist?
84. Was versteht man unter Geschäftsunkosten?
85. Aus welchen Faktoren setzt sich die Kalkulation (Kostenberechnung) einer Arbeitsleistung zusammen?
86. Was versteht man unter „produktive Löhne“ und was unter „unproduktive Löhne“?
87. Was ist ein Wechsel?
88. Welche Hauptarten von Wechseln gibt es?
89. Welche Angaben muß ein Wechsel enthalten?
90. Wann muß ein Wechsel vorgelegt werden?

c) Gewerbewesen

91. Welches ist die gesetzliche Organisationsform im Handwerk?
92. Was versteht man unter einer Pflichtinnung?
93. Was ist eine Handwerkskammer?
94. Was versteht man unter der Handwerksrolle?
95. Was hat die Handwerkskammer für Aufgaben?
96. Wer darf Lehrlinge halten und wer darf diese anleiten?
97. Ist der Lehrling verpflichtet, die Fach- oder Berufsschule zu besuchen?
98. Was muß bei Einstellung eines Lehrlings besonders beachtet werden?
99. Wieviel Lehrlinge dürfen gehalten werden?
100. Wie lange währt die Lehrzeit im Regelfall?
101. Muß ein schriftlicher Lehrvertrag zwischen Handwerksmeister und Lehrling abgeschlossen werden?
102. Muß der Lehrherr dem Lehrling nach beendeter Lehre ein Zeugnis ausstellen?
103. Was muß dieses Zeugnis enthalten?
104. Wer darf den Titel „Elektro-Maschinenbauer-Meister“ führen?

2. Schriftliche Fachprüfung

1. Es ist eine Kalkulation (Kostenvoranschlag) für die Neuwicklung eines *Drehstrom-Ständers*

20 PS, 14,5 kW, 380/220 Volt, 1000 n, normale, offene Ausführung, Einlegewicklung (Baujahr 1928) aufzustellen.

Kupfergewicht: 26 kg Draht 2 · 2,5 mm ø.

2. Für einen Drehstrommotor 15 kW, 380/220 Volt, 1450 n Fabrikat Bergmann sind die Wickeldaten für den Ständer zu errechnen.

Angaben:

a) Ständer: 36 Nuten, Draht 3,1 mm ø, 2 · Bw.

b) Läufer: 60 Nuten, je Nute 2 Stäbe, Sternschaltung, Stabquerschnitt 3,0 · 8,5 mm, Stabwicklung.
Läuferspannung = 76 Volt,
Läuferstrom = 120 Amp.

Frage: Wieviel Drähte müssen je Ständernute bei Sternschaltung 380 Volt eingewickelt werden?

3. Ein Gleichstrommotor 5 PS, 220 Volt 4polig, 1200 n soll auf 1500 n umgewickelt werden.

Angaben (1200 n): Anker 41 Nuten, 4polig, Reihenwicklung, 123 Teilspulen, je Nute 18 Drähte, Draht 1,6 mm ø, Kollektorschritt 1 : 62, Wickelschritt 1 : 11.

Frage:

a) Welche Wickeldaten muß der Anker erhalten, damit die Drehzahl 1500 n erreicht wird?

b) Welche Leistung hat der Motor bei 1500 n.

4. Ein Kollektor soll neu belegt werden.

Angaben: Größter Außendurchmesser = 160 mm
Innendurchmesser = 85 mm
Länge = 110 mm
99 Lamellen, Mikanit-Isolation 0,35 mm stark.

Die angegebenen Maße enthalten die Zugabe für Bearbeitung.

Frage: Welche Lamellenmaße müssen dem Kupferwerk aufgegeben werden?

5. Ein Gleichstrom-Nebenschlußmotor 5,5 kW, 7,5 PS 440 Volt 4polig, 1400 n soll für eine Ankerdrehzahl von 950 n umgewickelt werden.

Angaben (1400 n): Anker 33 Nuten, 131 Teilspulen, Kollektorschritt 1 : 66, Wickelschritt 1 : 9, je Nute 32 Drähte, Draht 1,5 mm ø.

Frage:

a) Welche Wickeldaten muß der Anker erhalten, damit derselbe eine Drehzahl von 950 n erhält?

b) Welche Leistung kann der Motor bei 950 n abgeben?

6. Ein Drehstrom-Transformator mit Luftkühlung 50 kW, 5190/250 Volt, Stern/Sternschaltung soll für

3000/250 Volt

Dreieck-Sternschaltung hergestellt werden.

Angaben bei 5190/250 Volt:

Primär: Je Kern 800 Windungen, Draht 2,4 mm ø, Sternschaltung
Sekundär: Je Kern 41 Windungen, Draht 6,75 · 12 mm Flachdraht.

Frage:

a) Welche Wickeldaten muß der Transformator für 3000/250 Volt Dreieck-Sternschaltung erhalten?*)

b) Die Kurzschlußspannung des Transformators beträgt 66 Volt, welcher Wert in Prozent muß auf dem Leistungsschild vermerkt werden?

7. Ein Gleichstrommotor 1 PS, 440 Volt, 2,3 Amp. soll einen Vollastanlasser erhalten.

Angaben: Ankerwiderstand und Bürstenübergangsstand beträgt 17,66 Ohm.

Frage: a) Welchen Ohmschen Widerstand muß der Anlasser erhalten, damit im Augenblick des Einschaltens durch den Anker ein Strom von 2,3 Amp. fließt?

8. Zu einem Drehstrommotor SSW Type R 184 g—1000, 380/220 Volt, 950 n, 30 kW, 40,8 PS soll ein Anlasser für Vollast bestellt werden.

Angaben:

Ständer: 54 Nuten, je Nute 27 Drähte, Draht 2,5 mm ø, je Phase 3 Gruppen parallel, Sternschaltung bei 380 Volt.

Läufer: 90 Nuten, Stabwicklung, 180 Stäbe 10 · 3 mm.
Stromaufnahme des Ständers bei Vollast = 56,5 Amp.

Frage:

a) Welche Läuferspannung und welcher Läuferstrom muß der Anlasserfabrik aufgegeben werden?

b) Diese Daten sind an Hand der vorstehenden Angaben zu errechnen.

9. Eine Gleichstrom-Nebenschlußmaschine, deren Anker eine 8polige Schleifen-(Parallel-)Wicklung besitzt, soll hinter dem Kollektor

Ausgleichsverbindungen

erhalten.

Angaben: Der Anker hat 64 Nuten, der Kollektor 178 Lamellen, die Ankerwicklung ist 8polig. Der Querschnitt eines Ankerleiters beträgt 30 mm².

---

*) Dieselben wie bisher.

Fragen:

a) Welchen Ausgleichschritt erhalten die Verbindungen?

b) Wieviel Ausgleichverbindungen müssen angebracht werden?

c) Welchen Querschnitt müssen die Verbindungen haben?

d) Mit welcher Lamelle muß z. B. Lamelle 1 verbunden werden?

10. Ein Gleichstrom-Nebenschlußmotor 6polig, 220 Volt, soll einen Vorschaltwiderstand in den Magnetstromkreis erhalten.

Angaben:

a) Widerstand einer Magnetspule = 57,6 Ohm.

b) Der Nebenschlußstrom soll um 50% herabgesetzt werden.

c) Betriebsspannung = 220 Volt.

Fragen:

a) Wie hoch ist der Gesamtwiderstand aller Magnetspulen?

b) Welcher Strom tritt in der Magnetwicklung auf, wenn diese an 220 Volt angeschlossen wird?

c) Welcher Widerstand muß in den Magnetstromkreis eingeschaltet werden, damit der Nebenschlußstrom auf die Hälfte des Normalwertes fällt?

11. Ein Drehstrommotor 7,5 PS, 5,52 kW, 380/220 Volt, 570 n soll für eine Betriebsspannung von 500 Volt umgewickelt werden.

Angaben für 380/220 Volt:

a) S t ä n d e r : 60 Nuten, 10polig, 15 Gruppen total, je Nute 17 Drähte, Draht 1,9 mm ø, je Phase 5 Gruppen in Serie, Sternschaltung bei 380 Volt.
Drahtquerschnitt im Ständer = 2,84 mm^2.

b) L ä u f e r : 90 Nuten, je Nute 5 Drähte, Draht 2,8 mm ø, je Phase 5 Gruppen in Serie, Sternschaltung.

Fragen:

a) Wieviel Leiter (Drähte) entfallen bei 500 Volt auf jede Ständernute?

b) Welcher Leiterquerschnitt kommt für die Ständerwicklung in Frage?

c) Welche Spannung tritt bei Stillstand des Läufers zwischen 2 Schleifringen auf?

d) Wie groß ist diese Läuferspannung, wenn die Läuferwicklung anstatt in Stern, in Dreieck geschaltet wird?

12. Es ist ein Kostenanschlag für die Neuwicklung des Motors zu Ziffer 11 anzufertigen.

Angaben: Kupfergewicht im Ständer = 18,5 kg,
Kupfergewicht im Läufer = 14,0 kg.

13. Ein 15-kVA-Transformator mit Ölkühlung, 3000/120 Volt, 3/72,3 Amp. Stern/Sternschaltung soll für

10 000/400 Volt

Stern/Sternschaltung umgewickelt werden.

Angaben:

a) P r i m ä r : Je Kern 349 Windungen, Draht 1,6 mm ø, = 2,01 mm^2,

b) S e k u n d ä r : Je Kern 57 Windungen, Draht 10 · 4,8 mm % = 48 qmm.

Fragen:

a) Welche Wickeldaten muß der Transformator für 10 000/400 Volt Stern/Sternschaltung erhalten?

b) Welche Ströme treten bei 10 000 Volt primär und 400 Volt sekundär auf?

14. Ein Gleichstrommotor 17 PS, 1000 n, 440 Volt, Fabrikat AEG, Type EHG soll auf 220 Volt 1250 n, 4polig, umgewickelt werden.

Angaben für 440 Volt:

A n k e r : 47 Nuten, 187 Teilspulen, Kollektor 187 Lamellen, Reihenwicklung. Kollektorschritt 1 : 94, Wickelschritt 1 : 12. Je Nute 24 Leiter, Draht 1,4 mm ø, 2 Drähte parallel.

F e l d : Je Spule 6700 Windungen, Draht 0,65 mm ø.

Fragen:

a) Welche Wickeldaten muß der Anker für 220 Volt 1250 n erhalten, wenn Reihenwicklung beibehalten wird?

b) Welche Änderungen sind am Magnetfeld vorzunehmen, damit dieses an 220 Volt angeschlossen werden kann und die Amperewindungen des Magnetfeldes unverändert bleiben?

15. Es ist eine Kostenberechnung für die Neuwicklung zu Ziffer 14 aufzustellen.

Angaben: Kupfergewicht Anker = 12,4 kg,
Kupfergewicht Feld = 27,0 kg.

16. Ein Drehstrommotor Fabrikat SSW, Type R 81 n—1500 380/220 Volt, 11,8/20,5 Amp. wird ohne Ständerwicklung zur Neuwicklung des Ständers eingeliefert.

Angaben:

S t ä n d e r : 48 Nuten, Nutenmaße 26,5 · 9 · 7 mm, 4polig.

L ä u f e r : 60 Nuten, je Nute 7 Drähte, Draht 2,5 mm ø, je Phase 2 Gruppen in Serie. Sternschaltung.

Läuferspannung = 148 Volt,
Läuferstrom = 25 Amp.

Fragen:

a) Welche Leiterzahl je Nute muß der Ständer erhalten, wenn im Ständer je Phase 2 Gruppen parallel geschaltet werden sollen?

b) Welche Drahtstärke erhält die Ständerwicklung?

17. *Kostenanschlag.* Es ist ein Kostenanschlag über die Neuwicklung eines Ständers für einen

10-PS-Drehstrommotor 380/220 Volt, 1500 n

anzufertigen.

17 a. Eine Transmissionswelle soll durch einen Elektromotor angetrieben werden.

a) Die Drehzahl des Motors ist 1500 n.

b) Der Durchmesser der Motoren-Riemenscheibe ist 175 mm.

c) Die Transmissionswelle soll 180 Umdr. i. d. Min. machen.

Frage: Welchen Durchmesser muß die Transmissions-Riemenscheibe haben, damit diese eine Drehzahl von 180 i. d. Min. erhält?

18. Es soll ein Kollektor neu belegt und hierzu die Lamellenmasse bestimmt werden.

a) Innendurchmesser des Kollektors 100 mm.

b) Größter Außendurchmesser des Kollektors 198 mm.

c) Lamellenzahl = 131.

d) Stärke der Mikanitsegmente 0,5 mm.

e) Totale Länge des Kollektors 120 mm.

Die vorstehenden Maße zu a, b und e enthalten bereits eine Bearbeitungszugabe von 3 mm.

Frage: Welche Maße müssen dem Kupferwerk aufgegeben werden?

19. Bei einer Gleichstrom-Nebenanschlußmaschine Fabr. Sachsenwerk, Fabr. S 175, 17,5 kW, 220 Volt, 1180 n, 4polig, verbrannten wiederholt sämtliche Nebenschlußspulen, und zwar gleichmäßig. Der Anker der Maschine, die als Motor verwendet wird, ist mit einem Ventilationsflügel ausgerüstet. Die Original-Wickeldaten der Feldspulen sind von der Herstellerin mit:

1500 Windungen je Spule, Draht 1,2 mm ø, umsp. 1,35 mm ø

angegeben worden und nach diesen Wickeldaten sind die Feldspulen sorgfältig hergestellt worden. Trotzdem sind die Spulen bereits zweimal verbrannt. Die mittlere Länge einer Windung der Nebenschlußspulen beträgt 0,65 m.

Fragen:

a) Auf welche Ursachen kann das Verbrennen der Magnetspulen zurückgeführt werden?

b) Welcher Nebenschlußstrom tritt auf, wenn jede Spule 1500 Windungen 1,2 mm ø (1,131 mm^2 Querschnitt) besitzt und die mittlere Windungslänge 0,65 m beträgt?

c) Wie hoch ist die spezifische Belastung (Amp./mm^2) des Magnetdrahtes?

d) Wie kann der Mangel, nämlich das Verbrennen der Magnetspulen, behoben werden?

Anmerkung: Die Maschine ist von der Herstellerin als „Dynamo" geliefert worden. Hierauf beziehen sich auch die Daten des Leistungsschildes. Später wurde dieselbe als Motor in Betrieb genommen.

20. Eine 4polige Gleichstrom - Nebenschlußmaschine, deren Anker Schleifenwicklung (Parallelwicklung) besitzt, soll Ausgleichsverbindungen erhalten, weil am Kollektor starke Funkenbildung auftritt.

Kollektor: 40 Lamellen.

Querschnitt des Ankerdrahtes = 2,84 qmm.

Fragen:

a) Welchen Ausgleichsschritt erhalten die Verbindungen?

b) Wieviel Ausgleichsverbindungen müssen angebracht werden?

c) Welchen Querschnitt müssen die Verbindungen erhalten?

d) Mit welcher Lamelle muß z. B. die Lamelle 1 verbunden werden?

21. Eine Magnetspule hat eine gestreckte Drahtlänge von 972 m. Der Drahtquerschnitt beträgt 1,13 mm², der spezifische Widerstand von Kupfer ist = 0,02.

Fragen:

a) Wie groß ist der Widerstand der Spule in Ohm?

b) Welcher Strom fließt in der Spule, wenn dieselbe an Gleichstrom 18 Volt angeschlossen wird?

Anmerkung zu a: Der Widerstand ergibt sich aus der Formel:

$$\text{Widerstand} = \frac{\text{Länge} \cdot \text{Materialkonstante}}{\text{Querschnitt}}$$

IV.) Kalkulation

1. Ermittlung der Geschäftsunkosten (Generalien)

Unter Geschäftsunkosten versteht man allgemein diejenigen Ausgaben, die notwendigerweise zur Erhaltung und Fortführung des Geschäftes gemacht werden müssen, dem Kunden aber nicht als Arbeitsleistung in Rechnung gestellt werden können.

Die wichtigsten Ausgaben sind:

Miete, Heizung, Beleuchtung der Werkstatt und Büroräume, *Fernsprechgebühren, Portoausgaben*, Frachten, Rollspesen usw.
Propaganda (Plakate, Kalender, Werbebriefe und Postkarten, Inserate).
Geschäftspapiere (Briefbogen, Umschläge, Rechnungen, Quittungen, Frachtbriefe usw.).
Steuern (Gewerbe-, Umsatz-, Grundstücksteuer usw.).
Autounkosten (Steuer, Benzin, Öl, Garage, Instandsetzung).
Unproduktive Löhne (Gehälter für Büroangestellte, Vertreter usw.).
Fachverbands- und Innungsbeiträge.
Fachliteratur.
Wirtschafts- und Spezialabgaben.
Fehl- und Nacharbeiten (Garantiearbeiten).
Versicherungsprämien (Unfall-, Haftpflicht-, Feuer-, Transport usw.).
Reisespesen, Provisionen.
Zinszahlungen aus Betriebskapital.
Abschreibungen.

Alle diese Ausgaben müssen durch Einnahmen gedeckt, also anteilig auf die tatsächlich ausgeführten und dem Kunden in Rechnung gestellten Arbeitsleistungen umgelegt werden. Dies geschieht wie folgt:

Nach Ablauf eines Geschäftsjahres werden an Hand der Bücher und sonstigen Unterlagen, etwa gemäß der vorstehenden Aufstellung, die tatsächlichen verausgabten Geschäftsunkosten ermittelt.

Dieser Endsumme werden die im gleichen Zeitabschnitt gezahlten

produktiven Löhne,

d. h. diejenigen Löhne, die den Kunden in Rechnung gestellt worden sind, gegenübergestellt und das Verhältnis dieser beiden Summen zueinander, in Prozent ausgedrückt, ermittelt.

Beispiel

Geschäftsunkosten im Jahre 1944 .... DM 6500,00
Gezahlte produktive Löhne .... DM 6500,00

Dann müssen 100% auf die produktiven Löhne aufgeschlagen werden, um die Geschäftsunkosten zu decken. Der Unkostenzuschlag würde im vorstehenden Beispiel also 100% betragen. Für die Ermittlung des Unkostenzuschlages sind also nicht die tatsächlich gemäß Lohnbuch gezahlten Löhne, sondern nur die produktiven Löhne maßgebend.

2. Die Gestehungskosten

Die Gestehungskosten setzen sich zusammen aus:

a) Materialkosten,
b) produktive Löhne,
c) Geschäftsunkostenzuschlag.

Unter a werden die tatsächlichen Werkstoffkosten — ohne irgendwelche Aufschläge eingesetzt.

Unter b nur die Löhne, die gemäß Arbeitszettel zur Herstellung des Arbeitsstückes aufgewendet worden sind.

Unter c wird der errechnete Unkostenzuschlag eingesetzt:

Beispiel

In einer Instandsetzungswerkstatt elektrischer Maschinen ist gemäß Aufstellung der Unkostenzuschlag mit 150% ermittelt worden. Dieser Satz ist für das laufende Geschäftsjahr gültig, sofern keine einschneidenden Änderungen in dem laufenden Geschäftsjahr eintreten.

Dann betragen z. B. die Gestehungskosten für einen 5,5 PS Drehstromständer 1500 n, 380/220 Volt, normale, offene Ausführung:

1. Material:	
12 kg Dynamodraht 1,8 mm ø, 2 · Bw	DM 12,00
1 kg Isolierlack	DM 1,75
Preßspan, Ölleinen, Jakonettband	DM 1,20
Löt- und Kleinmaterial	DM 0,60
	DM 15,55
2. Löhne:	
Wickelarbeit (14 Std. à DM 1,00)	DM 14,00
Montage- und Prüfarbeiten (3 Std. à DM 1,00)	DM 3,00
	DM 17,00
3. Generalien:	
150% auf die produktiven Löhne	DM 25,00
Gestehungskosten	
Material	DM 15,55
Löhne	DM 17,00
Geschäftsunkosten	DM 25,50
Gestehungskosten:	DM 58,05*)

*) In der Kalkulation sind die jeweils gültigen Tagespreise u. Löhne einzusetzen.

3. Unternehmergewinn

In den vorstehenden Gestehungskosten sind sämtliche Geschäftsunkosten enthalten. Auf diese ist nunmehr der Unternehmergewinn in Anrechnung zu bringen, und zwar beträgt dieser etwa 10—15 % der Gestehungskosten. Im vorliegenden Falle würden also 15% von DM 58,05 = DM 8,11 zu den Gestehungskosten addiert werden, so daß sich ein *Rechnungswert* von

DM 58,05
DM 8,11
DM 66,16

ergibt. Hiervon wäre noch der Wert des aus der alten Wicklung gewonnenen Kupfers abzusetzen (ca. 10 kg à 20 Pf. = 2,00 DM), so daß der endgültige Rechnungswert

DM 64,16

beträgt.

Kalkulationszettel Nr. ....

Kom.-Nr. ....

Eingang des Werkstückes .... 19........
Fertigstellung ....
Abgeliefert ....

Pos. I. Löhne

Name: .... Stunden: .... je DM .... = DM ....
Name: .... Stunden: .... je „ .... = „ ....
Name: .... Stunden: .... je „ .... = „ ....
Name: .... Stunden: .... je „ .... = „ ....
Name: .... Stunden: .... je „ .... = „ ....
Name: .... Stunden: .... je „ .... = „ ....
Name: .... Stunden: .... je „ .... = „ ....
Name: .... Stunden: .... je „ .... = „ .... DM ....

Pos. II. Materialien

.... kg Dynamodraht .... mm ø .... × Bw je kg DM .... = DM ....
.... kg Blankkupfer .... × .... × .... mm je kg „ .... = „ ....
.... kg Lagermetall je kg „ .... = „ ....
.... Tafeln Preßspan .... mm je kg „ .... = „ ....
.... kg Vulkanfiber .... mm je kg „ .... = „ ....
.... kg Pertinax, Carta je kg „ .... = „ ....
.... kg Mikanit, Glimmer .... mm je kg „ .... = „ ....
.... m Jakonettband .... mm je 100 m „ .... = „ ....
.... m Hohlschlauch .... mm % m „ .... = „ ....
.... m Gurtband .... mm % m „ .... = „ ....
.... m Ölleinen 1 m „ .... = „ ....
.... kg Isolierlack 1 kg „ .... = „ ....

.... Stück Kabelschuhe	1 Stück	„	= DM		
.... m NAG Draht bzw. Litze	1 m	„	= „		
.... Bürstenhalter	1 Stück	„	= „		
.... Stück Klemmbretter	1 Stück	„	= „		
....		„	= „		
....		„	= „		
....		„	= „		
Löt- und Kleinmaterial			= „		
Summe der Materialien		„	= „	DM	

Pos. III. Generalien

.... % der produktiven Löhne (siehe Pos. I.) .... DM ....

Pos. IV. Unternehmergewinn

.... % der Gestehungskosten (Pos. I.—III.) .... DM ....

Zusammenstellung

Löhne .... DM ....
Materialien .... DM ....
+ Generalien = ... der produktiven Löhne (Pos. I.) .... DM ....
+ Unternehmergewinn .... % der Gestehungskosten (Pos. I.—III.) .... DM ....

DM ....
ab .... kg Altmaterial je kg DM .... = DM ....
bleibt Rechnungswert von DM ....

....

Unterschrift

3*

Anhang

V.) Meisterprüfungsordnung für das Elektro-Maschinenbauer-Handwerk

Über die Zulassung zur Meisterprüfung entscheidet die Prüfungskommission. In der Regel wird eine fünfjährige Gehilfenzeit im Fach verlangt. Im übrigen sind für die Zulassung die gewerbegesetzlichen Bestimmungen maßgebend.

1. Prüfungsordnung

Die Prüfung zerfällt in den praktischen und theoretischen Teil.

A. Praktische Prüfung

Die praktische Prüfung besteht in:

2. Anfertigung eines Meisterstückes nebst zugehöriger Zeichnung und Kostenberechnung

Am Meisterstück soll in der Regel ersichtlich sein, daß der Prüfling in genügendem Maße feilen, drehen, schmieden, wickeln kann und in der Einstellung und Handhabung der gebräuchlichen Werkzeugmaschinen ausreichend bewandert ist. Das Schwergewicht ist auf die wickeltechnischen Arbeiten zu legen.

3. Ausführung von Prüffeldarbeiten

Mit der Ableistung der Prüffeldarbeiten soll der Prüfling den Beweis erbringen, daß er elektrische Maschinen und Apparate gemäß den Regeln für Bewertung und Prüfung elektrischer Maschinen (R. E. M. des V. D. E.) prüfen, die Ergebnisse auswerten, Fehler jeglicher Art bestimmen und über den Befund ein Prüfungsprotokoll ausfertigen kann.

B. Theoretische Prüfung

In der theoretischen Prüfung soll der Prüfling den Beweis erbringen, daß er die Grundrechnungsarten, Flächen-, Raum- und Gewichtsberechnung beherrscht, die Grundgesetze der Elektrotechnik und ihre Anwendung kennt, in der Anfertigung zeichnerischer Darstellungen von Maschinenteilen, Apparaten, Wicklungen usw. bewandert ist, Werkstattkalkulationen aufstellen kann und ausreichende Kenntnisse in der gewerblichen Buchführung, der einschlägigen Gesetzeskunde und des Lehrlingswesen besitzt.

D i e t h e o r e t i s c h e P r ü f u n g u m f a ß t f o l g e n d e G e b i e t e :

a) Kenntnis der Regeln für Bewertung und Prüfung elektrischer Maschinen des Verbandes deutscher Elektrotechniker.

b) Materialienkunde*): Arten, Eigenschaften, Verwendungsmöglichkeiten und zulässige Beanspruchung der im Elektro-Maschinenbau benötigten Werkstoffe (Eisen, Stahl, Kupfer, Aluminium, Zinn, Isoliertextilien, Isolierlacke usw.).

c) Die Grundgesetze der Elektrotechnik und ihre praktische Anwendung.

d) Isolations-, Widerstands- und Leistungsmessungen nach den Regeln für Bewertung und Prüfung des V. D. E.

e) Aufgaben in den Grundrechnungsarten, in praktischen Berechnungsbeispielen, Umrechnung gegebener Wickeldaten, Widerstandsberechnungen.

f) Aufbau, Gattungen, Verwendungs- und Wirkungsweise elektrischer Maschinen und Apparate.

g) Herstellung von Schaltbildern elektrischer Maschinen, Apparate und Wicklungen. Handskizzen von Maschinenteilen.

h) Gewerbliche Buchführung, einschlägige Gesetzeskunde und Lehrlingswesen.

I. Richtlinien für die Errichtung von Prüfungskommissionen und Ablegung der Meister- und Gehilfenprüfung im Elektro-Maschinenbaugewerbe

1. Errichtung der Prüfungskommissionen

Für die Errichtung der Prüfungskommissionen sind die gewerbegesetzlichen Bestimmungen maßgebend. Als Kommissionsmitglieder kommen in der Regel nur dem Berufsstande des Elektro-Maschinenbaugewerbes angehörende Spezialfachleute in Betracht, welche in der Lage sind, die gemäß den Richtlinien Ziff. 1 zu stellenden praktischen und theoretischen Prüfungsaufgaben selbst restlos zu lösen und die Leistungen der Prüflinge in jeder Hinsicht zu beurteilen.

In denjenigen Kammerbezirken, wo die Bildung einer besonderen Prüfungskommission für das Elektro-Maschinenbauhandwerk mangels der erforderlichen Anzahl Fachvertreter nicht möglich ist, wird empfohlen, die bereits bestehende Prüfungskommission für das Elektro-Installateurhandwerk durch mindestens zwei Vertreter des Elektro-Maschinenbauhandwerks zu ergänzen, und die Kommission mit der Abnahme der Meister- und Gesellenprüfungen im Elektro-Maschinenbauhandwerk so lange zu betrauen, bis die Voraussetzungen zur Bildung einer selbständigen Prü-

*) Siehe „Werkstoffkunde“ in Raskop: Das Elektromaschinenbauer-Handwerk, Seite 247—271.

fungskommission gegeben sind. Diese Voraussetzungen gelten als erfüllt, wenn durch die maßgebende Berufsvertretung der jeweiligen Kammer eine genügende Anzahl geeigneter Vertreter des Elektro-Maschinenbauhandwerkes namhaft gemacht worden sind.

1a. Zulassung zur Meisterprüfung

Da das Elektro-Maschinenbauhandwerk erst im Januar 1927 durch ministeriellen Erlaß als selbständiges Handwerk anerkannt worden ist, werden die Meisterprüflinge möglicherweise nicht in der Lage sein, das geforderte Zeugnis über die Gesellenprüfung im Elektro-Maschinenbauhandwerk beizubringen, weil bis zu dem obengenannten Zeitpunkt noch keine Möglichkeit bestand, diese Gesellenprüfung abzulegen. In derartigen Fällen kann die Prüfungskommission auf die Beibringung des Gesellenprüfungszeugnisses verzichten oder ein Gesellenzeugnis aus dem berufsverwandten Schlosser-, Dreher-, Mechaniker- oder Elektroinstallateurgewerbe anerkennen. (Siehe Prüfungsordnung Ziffer 1 betr. Zulassung.)

II. Richtlinien für die Meisterprüfung im Elektro-Maschinenbaugewerbe

Die nachstehenden Beispiele und Aufgaben sollen lediglich als Anhalt dienen. Es kommt im wesentlichen darauf an, daß die gestellten Aufgaben dem Sinne der Prüfungsordnung entsprechen und den jeweilig vorliegenden Verhältnissen angepaßt sind.

Die praktische Prüfung

Sie zerfällt in die Anfertigung einer Meisterarbeit (Meisterstück) und die Leistung einer Arbeitsprobe.

A. Meisterstück

Als Meisterstück kommt eine der unter Ziffer 1 und 2 aufgeführten Arbeiten in Betracht, unter Ausschluß von serien- oder fabrikmäßig hergestellten Teilen:

1. Aus dem Maschinenbau (Dreh-, Fräs-, Hobel-, Schmiede- und Schlosserarbeiten):
   a) die mechanische Bearbeitung eines Motorgehäuses einschließlich Herstellung der Welle und Lager, des Kollektors bzw. Schleifringkopfes, sowie Anfertigung der Werkzeuge, Hilfsmittel und Aufspannvorrichtungen hierzu,

   b) Herstellung eines Transformatorenkernes nach Angabe,

oder

   c) Herstellung eines größeren Anlasser- oder Regulierwiderstandes oder eines gleichwertigen Spezialapparates nach Angabe.

2. Aus der Ankerwickelei:

a) Betriebsfertige Herstellung der Wicklungen an einem Drehstrom- oder Wechselstrom-Transformator möglichst geringer Leistung und hoher Primärspannung (z. B. 5—10 kVA., 10 000 Volt),

oder

b) betriebsfertige Herstellung einer schwierigen Gleichstrom- bzw. Drehstromläuferwicklung einschließlich Anfertigung der hierzu notwendigen Hilfsmittel, z. B. Biegevorrichtungen, Schablonen und sonstige Hilfswerkzeuge.

Bei der Meldung zur Prüfung ist anzugeben, welche Arbeit der Prüfling als Meisterstück vorlegen will. Die Prüfungskommission entscheidet über die Genehmigung der Wahl der Arbeit. Soweit die Bezeichnung der in Aussicht genommenen Meisterarbeit bei der Meldung zur Prüfung unterbleibt oder soweit die gemeldete Arbeit nicht zugelassen wird, wird sie durch die Prüfungskommission bestimmt. Bestätigung der selbständigen Ausführung der Meisterarbeit (bei Prüflingen aus dem Gehilfenstande). Auf Verlangen der Prüfungskommission ist die Meisterarbeit in fremder Werkstätte anzufertigen. Gelegenheit zur Nachschau während der Ausführung.

Bei Beginn der Besichtigung der Meisterarbeit ist die zugehörige selbstgefertigte Zeichnung und die Kostenberechnung vorzulegen.

B. Arbeitsprobe

Sie wird am Prüffeld abgelegt und umfaßt eine oder einige der nachstehenden Arbeiten:

Vornahme einer Leistungsmessung an einem Dreh- oder Gleichstrommotor und Auswertung der Meßergebnisse, Bestimmungen des Leistungsfaktors und Wirkungsgrades in Kurven oder Tabellen, Isolationsprüfung (Durchschlagproben) nach Maßgabe der Vorschriften des Verbandes deutscher Elektrotechniker (R. E. M. des V. D. E. § 44).

Bei der Bewertung der Arbeitsprobe ist die vom Prüfling benötigte Arbeitszeit zu berücksichtigen. In jedem Falle muß eine wirklich meisterhafte Ausführung der Meisterarbeit gefordert werden. Ebenso muß die Arbeitsweise des Prüflings bei der Arbeitsprobe völlig einwandfrei und meisterlich sein.

Die theoretische Prüfung

1. Besprechung der Reihenfolge des Arbeitsganges von Meisterstück und Arbeitsprobe.

2. Fachkenntnisse.

Als Aufgaben können etwa folgende Beispiele gelten:

a) Schriftlich:

aa) Umrechnung gegebener Wicklungsdaten einer Gleichstrommaschine, eines Drehstrommotors oder eines Transformators für andere Spannungen oder Drehzahlen des Ankers, oder Berechnung eines Vorschaltwiderstandes für einen gegebenen Fall;

bb) Anfertigung eines Schaltbildes für eine Drehstrom-Stabwicklung oder Gleichstromanker-Reihenwicklung;

cc) Berechnung von Läuferstrom und Spannung bei einem Drehstrommotor unter Angabe der hierzu notwendigen Wickeldaten und der Betriebsspannung;

dd) Berechnung des Wickel- und Kollektorschrittes bei Gleichstromankerwicklungen nach Angabe der Pol-, Nuten- und Lamellenzahl;

ee) Berechnung der Lamellenmasse für einen Kollektor nach Angabe des Innen- und Außendurchmessers, der Länge und der Lamellenzahl.

b) Mündlich:

aa) Die verschiedenen Elektromaschinenarten und ihr Anwendungsgebiet (Gleichstrom-, Hauptschluß-, Nebenschluß-, Wendepol- und Compoundmotoren, Drehstrom-Kurzschluß-Schleifringanker*), Kollektor- und kompensierte Motoren, Blindstromkompensatoren, Dreh- und Gleichstromgeneratoren, Einphasen-Wechselstrommotoren, Transformatoren, Auto-(Spar-)Transformatoren, Einankerumformer, Phasenzahl-Umformer usw.);

bb) die Gleichstrom-Ankerwicklungsarten (Schleifen-, Reihen-Reihenparallelwicklungen), Ausgleichsverbindungen bei Schleifen- und Reihenparallelwicklungen. Künstlich geschlossene Reihenwicklungen;

cc) Imprägnierung von Wicklungen, Werkstoffkunde (Isolierlacke, Isoliertextilien, Preßspan, Glimmer usw.);

dd) Ohmsches Gesetz;

ee) wechselseitige Beeinflussung von Elektrizität und Magnetismus (Induktion).

3. Kalkulation

Schriftliche Bearbeitung einer von der Kommission im Prüfungstermin gestellten Kostenberechnungsaufgabe, z. B. Aufstellung eines Kostenvoranschlages für die Neuwicklung eines Gleichstromankers, eines Drehstromständers oder eines Kollektors.

4. Buchführung, Rechts- und Wirtschaftskunde

a) Buch- und Rechnungsführung einschl. Wechsel- und Scheckkunde, Geschäftsaufsatz;

---

*) Siehe Raskop: Das Elektromaschinenbauerhandwerk, Seite 217—246.

b) gesetzliche Vorschriften, die das Gewerbe im allgemeinen betreffen; Organisation des Handwerks einschl. des Genossenschaftswesens, Lehrlings-, Lohn-, Tarif- und Schlichtungswesen, Sozialversicherung einschl. der Berufsgenossenschaften und Unfallverhütung, sowie der Erwerbslosenfürsorge, Gewerbegerichte, Arbeitsbuch, Geschäftsanmeldung, Patentwesen, die wichtigsten Steuerarten u. a.

Am Schlusse der Prüfung soll möglichst das Prüfungsergebnis nochmals zusammengefaßt und nach den verschiedenen Beziehungen kritisch gewürdigt werden.

Soweit nicht ausdrücklich angegeben, entscheidet die Prüfungskommission, inwieweit die theoretische Prüfung schriftlich und inwieweit sie mündlich abzulegen ist.

VI.) Literaturangaben u. Hinweise für die Schulungsaufgaben

Die nachstehenden Angaben sollen dem Prüfling an Hand der vier Werke des Verfassers:

*1. Die Instandsetzungen an elektrischen Maschinen. „Das Elektromaschinenbauerhandwerk“. 3. Auflage.
*2. Der Katechismus für die Ankerwickelei. 12. Auflage.
*3. Das Berechnungsbuch des Ankerwicklers. 8. Auflage.
*4. Isolierlacke. 3. Auflage.

und in Verbindung mit der vorliegenden Broschüre die Lösung der Schulungsaufgaben erleichtern.

A. Angaben für die schriftlichen Prüfungsaufgaben

Zu Aufgabe Nr. 1:	Kostenaufstellung (siehe Abschnitt „Kalkulation“ dieser Broschüre Seite 31), wegen Kupfergewichte von Drehstromwicklungen siehe Berechnungsbuch.
„ „ *Nr. 2:*	(Berechnungsbuch).
„ „ *Nr. 3:*	Berechnung der Wickeldaten (siehe Berechnungsbuch).
„ „ *Nr. 4:*	Berechnung der Lamellenmasse (siehe Instandsetzungen).
„ „ *Nr. 5:*	Berechnung der Wickeldaten (siehe Berechnungsbuch).
„ „ *Nr. 6:*	Berechnung der Wickeldaten (siehe Berechnungsbuch).
„ „ *Nr. 7:*	Berechnung des Ohmschen Widerstandes (siehe Berechnungsbuch).
„ „ *Nr. 8:*	Berechnung der Läuferspannung (siehe Berechnungsbuch).
„ „ *Nr. 9:*	Ausgleichsverbindungen (siehe Katechismus).
„ „ *Nr. 10:*	Berechnung der Daten (siehe Berechnungsbuch).
„ „ *Nr. 11:*	Berechnung der Wickeldaten (siehe Berechnungsbuch).
„ „ *Nr. 12:*	(siehe Aufgabe Nr. 1).
„ „ *Nr. 13:*	Berechnung der Wickeldaten (siehe Berechnungsbuch).
„ „ *Nr. 14:*	Berechnung der Wickeldaten (siehe Berechnungsbuch).
„ „ *Nr. 15:*	(siehe Aufgabe Nr. 1).
„ „ *Nr. 16:*	Berechnung der Wickeldaten (siehe Berechnungsbuch).
„ „ *Nr. 17:*	(siehe Aufgabe Nr. 1).
„ „ *Nr. 17a:*	Errechnung der Riemenscheibendurchmesser.

*) Zu beziehen durch den Technischen Verlag Herbert Cram, Berlin W 35, Genthiner Straße 13.

Zu Aufgabe Nr. 18: Berechnung der Lamellenmasse (siehe Instandsetzungen).
„ „ *Nr. 19:* Berechnung der Daten (siehe Berechnungsbuch).
„ „ *Nr. 20:* Berechnung des Ausgleichsschrittes (siehe Berechnungsbuch).
„ „ *Nr. 21:* Berechnung der Daten (siehe Berechnungsbuch).

B. Angaben für die mündlichen Prüfungsaufgaben

Zu Frage Nr. 1: 1000 Watt, eine elektrische Maßeinheit.
„ „ *Nr. 2:* Katechismus.
„ „ *Nr. 3:* Katechismus.
„ „ *Nr. 4:* Der Ständerstrom, der auftritt, wenn man den Läufer festhält und dem Ständer die Netzspannung zuführt.
„ „ *Nr. 5:* Siehe Instandsetzungen*).
„ „ *Nr. 6:* Siehe Katechismus.
„ „ *Nr. 7:* Siehe Katechismus.
„ „ *Nr. 8:* Luft, Öl, Wasser.
„ „ *Nr. 9:* Siehe Katechismus.
„ „ *Nr. 10:* Desgl. wie vor.
„ „ *Nr. 11:* Desgl. wie vor.
„ „ *Nr. 12:* Siehe Katechismus.
„ „ *Nr. 13:* Siehe Katechismus.
„ „ *Nr. 14:* Regeln für die Bewertung und Prüfung REM.
„ „ *Nr. 15:* Ampere-Windungen.
„ „ *Nr. 16:* Siehe Katechismus.
„ „ *Nr. 17:* 736 Watt.
„ „ *Nr. 18:* Siehe Instandsetzungen*) und Katechismus.
„ „ *Nr. 19.* Siehe Katechismus.
„ „ *Nr. 20:* Siehe Katechismus.
„ „ *Nr. 21:* Siehe Instandsetzungen*).
„ „ *Nr. 22:* Der Synchronmotor hat Gleichstromerregung, der Asynchronmotor wird aus dem Wechselstromnetz erregt.
„ „ *Nr. 23:* Motor mit verbessertem Leistungsfaktor.
„ „ *Nr. 24:* Siehe Instandsetzungen*).
„ „ *Nr. 25:* Siehe Instandsetzungen*).
„ „ *Nr. 26:* Aus einem normalen Drehstromständer und einem normalen Schleifringläufer ohne Schleifringe, der über ein Schneckengetriebe um seine Achse verdreht werden kann.
„ „ *Nr. 27:* Zur Regulierung der Spannung.
„ „ *Nr. 28:* Siehe Katechismus.
„ „ *Nr. 29:* Siehe Katechismus.

---

*) Buchtitel: Elektromaschinenbauer-Handwerk, 3. Aufl. Technischer Verlag Herbert Cram, Berlin W 35.

Zu Frage Nr. 30: Siehe Instandsetzungen*).

„ „ *Nr. 31:* Da Einspulenwicklung, spart man Kupfer.

„ „ *Nr. 32:* Eine elektrische Maschine, die Gleichstrom in Wechselstrom unter Verwendung *eines* Ankers umformt.

„ „ *Nr. 33:* Eine Gleichstrommaschine mit einem Anker und zwei in Serie geschalteten Ankerwicklungen.

„ „ *Nr. 34:* Preßspan, Glimmer, Isoliertextilien usw.

„ „ *Nr. 35:* Ein guter Isolierlack muß restlos durchtrocknen, eine elastische Lackschicht ergeben, öl- und säurebeständig sein.

„ „ *Nr. 36:* Lufttrocknende Lacke haben kürzere Trockenzeiten. sind aber nicht so wertvoll, wie ofentrocknende Lacke.

„ „ *Nr. 37:* Ofentrocknende Lacke.

„ „ *Nr. 38:* Anker auf ca. 80—100° C im Ofen erwärmen, in erwärmten dünnflüssigen Lack tauchen, abtropfen lassen, an der Luft antrocknen, im Ofen durchtrocknen (siehe Instandsetzungen*).

„ „ *Nr. 39:* Siehe Instandsetzungen*).

„ „ *Nr. 40:* Wie vor.

„ „ *Nr. 41:* Siehe Instandsetzungen*).

„ „ *Nr. 42:* Siehe Katechismus.

„ „ *Nr. 43:* Wie vor.

„ „ *Nr. 44:* Die Drehzahl des Ankers wird höher, die Kommutierung besser.

„ „ *Nr. 45:* Die Drehzahl des Ankers wird geringer, die Kommutierung schlechter.

„ „ *Nr. 46:* Siehe Katechismus.

„ „ *Nr. 47:* Siehe Katechismus.

„ „ *Nr. 48:* Schwerpunkt im Läufer, mangelhafte Lagerverhältnisse usw.

„ „ *Nr. 49:* Siehe Instandsetzungen*).

„ „ *Nr. 50:* Durch Erhöhung der Leiterzahl im Ständer oder Verkleinerung des Luftspaltes.

„ „ *Nr. 51:* Mit Kondensatoren, Gleichstrom - Erregerwicklungen, Kompensatoren usw.

„ „ *Nr. 52:* Asynchronmotoren mit Käfiganker, in welchen 2 Wicklungen angeordnet sind.

„ „ *Nr. 53:* Um den Anlaufstrom herabzusetzen.

„ „ *Nr. 54:* Ein Gleichstromdynamo, von welcher man 2 Spannungen abnehmen kann. Durch Anwendung solcher Maschinen spart man im Kraftnetz Kupfer.

---

*) Buchtitel: Elektromaschinenbauer-Handwerk, 3. Aufl. Technischer Verlag Herbert Cram, Berlin W 35.

Zu Frage Nr. 55: Eine Gleichstrommaschine, die mit einer bereits vorhandenen in Serie geschaltet wird, um Akkumulatoren laden zu können.

„ „ *Nr. 56:* Durch Feldschwächung, Vergrößerung des Luftspaltes und Umwicklung des Ankers.

„ „ *Nr. 57:* Volt, Ampere, Watt, Kilowatt, Ohm.

„ „ *Nr. 58:* Der spezifische Widerstand ist die Materialkonstante, eine Zahl, die angibt, wie groß der Ohmsche Widerstand des betreffenden Materials ist, wenn die Länge 1 m und der Querschnitt 1 qmm beträgt.

„ „ *Nr. 59:* 0,018—0,02.

„ „ *Nr. 60:* $I = \frac{U}{R}$, $R = \frac{U}{I}$, $U = I \cdot R$.

„ „ *Nr. 61:* Nebenschluß-, Hauptstrom- und Compoundmaschinen.

„ „ *Nr. 62:* Synchron-, Asynchronmaschinen, Schleifring- und Kollektormaschinen.

„ „ *Nr. 63:* Hohes Anzugsmoment, variable Drehzahl.

„ „ *Nr. 64:* Annähernd konstante Drehzahl bei Leerlauf bis Nennlast.

„ „ *Nr. 65:* Die Vorzüge des Nebenschluß- und Hauptstrommotors, nämlich hohes Anzugsmoment und annähernd gleiche Drehzahl von Leerlauf bis Nennlast.

„ „ *Nr. 66:* Motoren, deren Wicklungsteile durch Umschalten für mehrere Polzahlen hergerichtet werden, um eine verlustlose Drehzahländerung zu erzielen.

„ „ *Nr. 67:* Ein Kollektormotor mit Hauptstrom-Charakteristik, der sowohl für Gleich- als auch für Wechselspannung verwendbar ist.

„ „ *Nr. 68:* Bei Betrieb mit Wechselstrom ist die Leistungsabgabe geringer als bei Betrieb mit Gleichstrom.

„ „ *Nr. 69:* Ein Wechselstrom-Asynchronmotor ohne Hilfs- bzw. Anlaufwicklung, dessen Läufer von Hand mittels einer Anwurfvorrichtung zum Anlauf gebracht wird.

„ „ *Nr. 70:* Ja.

„ „ *Nr. 71:* Die Leistungsabgabe bei Einphasenstrom beträgt etwa 60% der Drehstromleistung (siehe Katechismus).

„ „ *Nr. 72:* Eine elektrische Maschine, mit deren Hilfe die Periodenzahl der Netzspannung geändert werden kann.

„ „ *Nr. 73:* Die Läuferdrehzahl wird um 50% herabgesetzt. Die Ständerwicklung muß umgeschaltet werden.

„ „ *Nr. 74:* Beim Drehstrom-Kollektormotor.

„ „ *Nr. 75:* Wenn man den Läufer mit der Netzspannung speist und übersynchron antreibt.

„ „ *Nr. 76:* Von der Polzahl der Wicklung und der Netzfrequenz.

Zu Frage Nr. 77: Bei Tag- und Nachtbetrieb ½ Jahr, bei Tagbetrieb 1 Jahr.

„ „ Nr. 78: Desgl.

„ „ Nr. 79: Mit ganz wenigen Ausnahmen von allen Lieferungen.

„ „ Nr. 80: Wenn dieselben dem Angebot beigelegen haben bzw. zum wesentlichen Bestandteil des Angebots erhoben worden sind.

„ „ Nr. 81: Inventar-, Kassabuch und Tagebuch.

„ „ Nr. 82: Er muß eine Eröffnungsbilanz aufstellen und sein Gewerbe anmelden.

„ „ Nr. 83: Durch eine Inventar- und Jahresbilanz.

„ „ Nr. 84: Alle Ausgaben, die zur Aufrechterhaltung und für den Ausbau des Unternehmens gemacht werden.

„ „ Nr. 85: Material, produktive Löhne, Geschäftsunkosten und Unternehmergewinn.

„ „ Nr. 86: Produktive Löhne sind solche, die dem Auftraggeber in Rechnung gestellt werden können (siehe Abschnitt „Kostenaufstellung“ in dieser Broschüre Seite 31).

„ „ Nr. 87: Ein Wechsel ist eine Urkunde, in der jemand sich selbst zur Zahlung einer Summe an einem bestimmten Termin verpflichtet oder einen anderen dazu beauftragt.

„ „ Nr. 88: Solawechsel, gezogener Wechsel oder Tratte.

„ „ Nr. 89: Die Bezeichnung „Wechsel“, die Angabe der zu zahlenden Summe, den Namen der Person oder Firma, an welche oder deren Order gezahlt werden soll, die Unterschrift des Ausstellers mit seinem Namen oder seiner Firma, die Angabe des Ortes, Monatstages und Jahres der Ausstellung, den Namen der Person oder Firma, die die Zahlung leisten soll, die Angabe des Ortes, wo die Zahlung geschehen soll.

„ „ Nr. 90: Am Verfalltag.

„ „ Nr. 91: Die Pflicht-Innung.

„ „ Nr. 92: Eine Gemeinschaft von Handwerkern, der jeder angehören muß, welcher das betreffende Handwerk ausübt.

„ „ Nr. 93: Eine gesetzlich verankerte Gemeinschaft selbständiger Handwerker eines bestimmten Bezirkes, in der Regel eines Regierungsbezirkes.

„ „ Nr. 94: Ein Verzeichnis der Handwerksbetriebe des Kammerbezirkes.

„ „ Nr. 95: Sie hat die Belange des Handwerks wahrzunehmen und zu fördern.

„ „ Nr. 96: Personen, welche die Meisterprüfung abgelegt oder eine besondere Anleitungsbefugnis haben.

Zu Frage Nr. 97: Ja.

„ „ *Nr. 98:* Der Lehrling muß sich für den Beruf eignen.

„ „ *Nr. 99:* Das richtet sich gewöhnlich nach den Anordnungen der Handwerkskammer.

„ „ *Nr. 100:* In der Regel 3—4 Jahre.

„ „ *Nr. 101:* Ja.

„ „ *Nr. 102:* Ja, vorausgesetzt, daß das Lehrverhältnis ordnungsmäßig beendet worden ist.

„ „ *Nr. 103:* Angaben über Dauer der Lehrzeit, über Kenntnisse und Fertigkeiten sowie über Betragen.

„ „ *Nr. 104:* Nur solche Handwerker, die die Meisterprüfung speziell im Elektro-Maschinenbauerhandwerk abgelegt haben.

Schrifttumshinweise

Betr.: Werkstoffkunde im Elektromaschinenbau

Der Elektromaschinenbauermeister muß ausreichende Fachkenntnisse in der Werkstoffkunde nachweisen. Er muß daher über die Bezeichnungen der im Elektromaschinenbau anfallenden Werkstoffe (Elektrobleche, Gußeisen, Schmiedeeisen, Stahlguß, Kupfer, Aluminium, Isolierlacke und Isolierstoffe u. a. m.), über deren Herkunft, Güte und Einsatzwerte, sowie über die Anwendungsmethoden und Hilfsgeräte für den praktischen Einsatz unterrichtet sein. Von der Erfüllung dieser Voraussetzungen hängt die Qualität der Fertigungsleistung in hohem Maße ab.

Hierzu folgende Schrifttumshinweise:

I. **Fachzeitschrift EMA — Die elektrische Maschine —**
Jahrgang 1950, S. 1, 28, 46, 66, 80, 103, 104, 105, 147, 199, 211, 290, 342
Jahrgang 1953, S. 56, 380
Jahrgang 1954, S. 130, 298, 287
Jahrgang 1955, S. 2, 192, 200, 283, 317, 368
Jahrgang 1956, S. 89, 181, 350, 376
Jahrgang 1957, S. 128
Jahrgang 1958, S. 116, 130, 168, 232

II. **Raskop: „Katechismus für die Ankerwickelei", 12. Aufl.**
S. 44, 73, 86, 87, 88, 90, 93, 104, 420, 424

III. **Desgl. „Elektromaschinenbauer-Handwerk", 3. Aufl.**
S. 261—285 (Werkstoffkunde im Elektromaschinenbau)

IV. **Desgl. „Isolierlacke", 3. Aufl.**
S. 1—258

V. **Desgl. „Isolierlackfibel", 1. Aufl.**
S. 8—53

VII.) Auszug aus den gewerberechtlichen Bestimmungen

1. Wer darf Lehrlinge anleiten

Nach § 129 der Gewerbeordnung steht in Handwerksbetrieben die Befugnis zur Anleitung von Lehrlingen nur denjenigen Personen zu, welche

a) das 24. Lebensjahr vollendet und

b) eine Meisterprüfung

bestanden haben.

Solche Personen, die eine Meisterprüfung nicht für dasjenige Gewerbe oder denjenigen Teil eines Gewerbes bestanden haben, in welchem die Anleitung der Lehrlinge erfolgen soll, haben die Befugnis dann, wenn sie in diesem Gewerbe oder Gewerbezweig

c) entweder die Lehrzeiten zurückgelegt und die Gesellenprüfung bestanden haben
oder

d) fünf Jahre hindurch persönlich das Handwerk selbständig ausgeübt haben
oder

e) während einer gleich langen Zeit als *Werkmeister* oder in ähnlicher Stellung tätig gewesen sind.

In der Anleitung liegt das Recht zur Beaufsichtigung und Unterweisung. Denjenigen, die den Anforderungen des § 129 bezüglich Lebensalter und Qualifikation nicht entsprechen, ist das Halten von Lehrlingen an sich nicht untersagt, *sie müssen aber zur Anleitung jedoch Vertreter bestellen, die den Erfordernissen des § 129 entsprechen.*

Die Gewerbeordnung sieht im § 129 auch für Ausnahmefälle die widerrufliche, vorübergehende Erteilung der Anleitungsbefugnis vor, indessen machen die höheren Verwaltungsbehörden (Regierungspräsident), Handwerkskammern und Innungen nur ganz selten von dem Verleihungsrecht Gebrauch.

Für den Regelfall darf also nur derjenige Handwerker Lehrlinge anleiten, der in dem Fach, in welchem die Anleitung erfolgen soll, die Meisterprüfung abgelegt und das 24. Lebensjahr erreicht hat.

Demnach steht das Recht zur Anleitung von Lehrlingen im Elektromaschinenbauerhandwerk im Regelfall nur solchen Personen zu, welche die Elektro-Maschinenbauer-Meisterprüfung abgelegt und das 24. Lebensjahr erreicht haben.

Inhaber eines Gewerbebetriebes, in welchem das Elektro-Maschinenbauerhandwerk ausgeübt wird und Lehrlinge angeleitet werden, müssen einen geprüften Elektro-Maschinenbauermeister einstellen, wenn sie selbst die Meisterprüfung in diesem Handwerk nicht abgelegt haben.

Somit besitzen auch Ingenieure und Diplom-Ingenieure im Regelfall nicht die Befugnis zum Anleiten von Lehrlingen, wenn sie nicht die Meisterprüfung in dem Handwerk abgelegt haben, in welchem die Anleitung erfolgen soll.

Hingegen ist z. B. der Elektro-Installateur*meister* zum Anleiten der Lehrlinge im Elektro-Maschinenbauerhandwerk dann befugt, wenn derselbe:

a) die Lehrzeit im Elektro-Maschinenbauerhandwerk zurückgelegt und die *Gesellenprüfung* in diesem Handwerk bestanden hat
oder

b) fünf Jahre hindurch *persönlich* das Elektro-Maschinenbauerhandwerk selbständig ausgeübt hat
oder

c) fünf Jahre als Werkmeister oder in ähnlicher Stellung in einem Betrieb tätig gewesen ist, in welchem das Elektro-Maschinenbauerhandwerk ausgeübt wurde.

Ausnahmen: Personen, die am 1. Oktober 1908 nach den bis dahin geltenden Bestimmungen zur Anleitung von Lehrlingen im Handwerk berechtigt waren, kann auf Antrag durch die untere Verwaltungsbehörde die weitere Anleitungsbefugnis verliehen werden, wenn sie am 1. Oktober 1908 mindestens 5 Jahre hindurch mit der Befugnis zum Anleiten der Lehrlinge in ihrem Gewerbe tätig gewesen sind.

2. Die Erlangung des Meistertitels

Nach § 133 der Gewerbeordnung darf der Meistertitel in der Verbindung mit der Bezeichnung eines Handwerkers (z. B. der Titel Elektro-Maschinenbauermeister) nur von solchen Handwerkern geführt werden, die in dem betreffenden Handwerk die Meisterprüfung bestanden und das 24. Lebensjahr zurückgelegt haben.

Zulassung zur Meisterprüfung

Zur Meisterprüfung sind in der Regel nur solche Personen zugelassen, welche eine Gesellenprüfung bestanden haben und in dem Gewerbe, für welches die Meisterprüfung abgelegt werden soll, mindestens 3 Jahre als Geselle (Gehilfe) tätig sind oder welche nach § 129 zur Anleitung von Lehrlingen in diesem Gewerbe befugt sind.

Die Abnahme der Prüfung erfolgt durch eine

Prüfungskommission,

welche aus einem Vorsitzenden und vier Beisitzern besteht.

Die Entscheidung der Prüfungskommission, welche die Zulassung der Meisterprüfung ablehnt, kann binnen zwei Wochen durch Beschwerde bei der höheren Verwaltungsstelle angefochten werden. Diese hat, bevor sie der Beschwerde stattgibt, die Handwerkskammer zu hören.

Das Gesellenzeugnis

Die Zulassung zur Meisterprüfung wird also *im Regelfall* von dem vorherigen Bestehen einer Gesellenprüfung abhängig gemacht.

Indessen ist es nicht erforderlich, daß die Gesellenprüfung in dem Handwerk abgelegt wurde, in welchem die Meisterprüfung abgelegt werden soll. Für diejenigen, welche die Meisterprüfung im Elektro-Maschinenbauerhandwerk ablegen wollen, genügt es also, wenn sie eine Gesellenprüfung, z. B. im Schlosser-, Dreher-, Elektromechaniker-, Elektro-Installateurhandwerk usw. abgelegt haben.

Ausnahmen

Die Ablegung der Gesellenprüfung bildet „in der Regel" die Voraussetzung für die Zulassung zur Meisterprüfung. Für die über die Zulassung entscheidende Stelle ist somit die Möglichkeit gegeben, *in geeigneten Fällen* Ausnahmen zu gestatten. Dabei wird insbesondere auf solche Personen Rücksicht zu nehmen sein, die bereits geraume Zeit als selbständige Handwerker oder als Werkmeister usw. tätig gewesen sind. Die geforderte dreijährige Gesellenzeit kann ganz oder teilweise auch in einem Großbetrieb zurückgelegt sein.

Der in der Gewerbeordnung vorgesehene „geeignete Fall" für die Zulassung einer Ausnahme ist für das Elektro-Maschinenbauerhandwerk insofern gegeben, als dieses Handwerk erst im Jahre 1927 durch den Erlaß des Ministers für Handel und Gewerbe J.-Nr. IV 18 647 als selbständiges Handwerk erklärt wurde. Bis zu diesem Zeitpunkt war es also nicht möglich, die Gesellenprüfung im Elektro-Maschinenbauerhandwerk abzulegen.

Prüflinge, die nicht im Besitz des im § 133 der GO. vorgesehenen Gesellenzeugnisses sind, können demnach bei der zuständigen Handwerkskammer einen Antrag auf Befreiung von der Beibringung des Gesellenzeugnisses stellen.

Die Anmeldung zur Meisterprüfung

Das Gesuch um Zulassung zur Meisterprüfung ist schriftlich an die Prüfungskommission der zuständigen Handwerkskammer zu richten.

Zuständig ist die Handwerks- bzw. Gewerbekammer, in deren Bezirk der Prüfling entweder das Handwerk selbständig ausübt oder seit mindestens drei Monaten als Geselle in Arbeit steht.

Zur Zeit bestehen noch nicht in sämtlichen Kammerbezirken Prüfungskommissionen für das Elektro-Maschinenbauerhandwerk.

Dem Gesuch um Zulassung ist beizufügen:

1. ein kurzer, eigenhändig geschriebener Lebenslauf,
2. eine Geburtsurkunde,
3. a) ein Gesellenzeugnis,
   b) oder ein Nachweis, daß der Prüfling gemäß § 129 Absatz 6 der GO. zur Anleitung von Lehrlingen befugt ist
   oder
   c) ein Antrag auf Befreiung von der Beibringung eines Gesellenzeugnisses,
4. der Nachweis, daß der Prüfling mindestens 3 Jahre als Geselle in dem Handwerk, in dem er die Meisterprüfung ablegen will, tätig gewesen ist,
5. die Zeugnisse der gewerblichen Unterrichtsanstalten, welche der Prüfling etwa besucht hat,
6. ein polizeiliches Führungszeugnis.

Muster eines Gesuches um Zulassung zur Meisterprüfung

An den
Vorsitzenden der Meisterprüfungs-Kommission für das Elektro-Maschinenbauerhandwerk bei der Handwerkskammer in ....

Betr. Zulassung zur Meisterprüfung.

W., den .... 19....

Der Unterzeichnete, Elektro-Maschinenbauergeselle Heinrich Wald, geboren am 15. April 19.... zu Essen, bittet unter Beifügung der erforderlichen Unterlagen um Zulassung zur Meisterprüfung im Elektro-Maschinenbauerhandwerk.

Gleichzeitig wird um die Genehmigung gebeten, als Meisterstück einen kürzlich zur Neuwicklung erhaltenen 30 kW Drehstrom-Stabläufer in eigener Werkstatt fertigzustellen und dem beauftragten Schaumeister unter Beifügung eines Wicklungsschaltbildes vorzeigen zu dürfen.

Um eine baldige Benachrichtigung über Ort und Zeit der Prüfung wird höflichst gebeten.

Heinrich Wald,
Königstraße 14.

Gesuch um Befreiung von der Beibringung eines Gesellenzeugnisses

D., den .... 19....

An den
Vorsitzenden der Meisterprüfungs-Kommission für das Elektro-Maschinenbauerhandwerk bei der Handwerkskammer zu ....
Straße .... Nr. ....

Unter höflichem Hinweis auf meinen Antrag vom .... 19.... betr. Zulassung zur Meisterprüfung im Elektro-Maschinenbauerhandwerk bitte ich um Befreiung von der Beibringung eines Gesellenzeugnisses und begründe meine Bitte wie folgt:

Das Elektro-Maschinenbauerhandwerk ist erst im Januar 1927 durch den Erlaß des Ministers für Handel und Gewerbe J.-Nr. 18647 vom 3. 1. 1927 als selbständiges Handwerk anerkannt worden. Vor dieser Zeit bestand leider keine Möglichkeit, eine Gesellenprüfung gemäß der Gewerbeordnung in diesem Handwerk abzulegen. Bevor die Voraussetzungen für die Ablegung einer Gesellenprüfung gegeben waren, habe ich bereits das Elektro - Maschinenbauerhandwerk selbständig ausgeübt (bin ich als Elektro-Maschinenbauergeselle tätig gewesen). Ich bin seit .... 19.... am Platze selbständig und habe mein Handwerk während dieser Zeit mit nachweisbarem Erfolg betrieben. (Ich bin seit .... als Elektro-Maschinenbauergeselle tätig und kann hierüber gute Zeugnisse vorlegen.) Bei dieser Sachlage würde es für mich eine Härte bedeuten, mich vor Ablegung der Meisterprüfung erst einer Gesellenprüfung unterziehen zu müssen.

Der Gesetzgeber hat gemäß GO. § 133 zur Vermeidung solcher Härten die Zulassung von Ausnahmen vorgesehen.

Ich bitte, meinen Fall als eine solche Ausnahme anzuerkennen und meinem Antrag stattzugeben.

N. N.

VIII. Anhang:

Die Vorbereitung zur Meisterprüfung im Elektromaschinenbauerhandwerk

Die Vorbereitung zur Meisterprüfung im Elektromaschinenbauerhandwerk

Die Vorbereitung zur Meisterprüfung im Elektromaschinenbauerhandwerk durch Teilnahme an einem entsprechenden Schulungskurs an einschlägigen Fachschulen ist immer noch mit Schwierigkeiten verbunden. Nur wenige Prüflinge sind in der Lage, ihre berufliche Tätigkeit auf längerem Zeitraum zu unterbrechen und darüber hinaus die anfallenden Kosten aufzubringen.

Andererseits werden solche speziellen Kurse nur an wenigen Lehrinstituten abgehalten, die oftmals hunderte km vom Wohnsitz des Interessenten entfernt ihr Domizil haben.
Aus diesen Gründen wurde als Anhang ein Schulungs-Fernkurs angefügt, der etwa in zwölf Schulungsbriefe aufgegliedert ist.

Am Schlusse des jeweils behandelten Fachthemas werden Aufgaben gestellt. Die richtigen Lösungen werden in dem jeweils folgenden Schulungsbrief zur Kontrolle und evtl. Berichtigung veröffentlicht.

Die in diesem Fernkurs behandelten Fachthemata entsprechen dem Prüfungsstoff gemäß der „Meisterprüfungsordnung im Elektromaschinenbauerhandwerk" und den fachlichen Vorschriften hierzu.

I. Geschichtliches

Im Jahre 1925 erließ der damalige Preußische Minister für Handel und Gewerbe unter dem Geschäftszeichen J. Nr. IV, 15365 vom 30. 11. 1925 folgende Verfügung:

Berlin W 9, den 30. 11. 1925

Betr. Ankerwickler

Nach dem Gutachten des Landesgewerbeamtes, dem ich beigetreten bin, ist die Tätigkeit des Ankerwicklers zurzeit weder als besonderes Handwerk, noch als ein selbständiger Handwerkszweig anzusehen.

Es handelt sich vielmehr um eine Teilarbeit im Elektromaschinenbau, die vorwiegend in industriellen Betrieben, zuweilen auch in Handwerksbetrieben von ungelernten Teilarbeitern ausgeübt wird.

Diese Teilarbeiter sind keine Handwerker. Jugendliche, die als „Ankerwickler-Lehrlinge" beschäftigt werden, sind überhaupt keine Lehrlinge im Sinne der Gewerbeordnung, sondern regelmäßig jugendliche Arbeiter. Denn ein Lehrverhältnis setzt einen auf die Erlernung eines ganzen Gewerbes oder wenigstens eines Zweiges einer gewerblichen Tätigkeit gerichteten Vertrag voraus, nicht aber einen solchen zur Erlernung einzelner Handfertigkeiten (zu vergl. Landmann, G. O. 7. Auflage, Band 2, S. 4, 3, 1 und die dort angeführten Gerichtsurteile).

Ich ersuche Sie, die Handwerkskammern demgemäß zu bescheiden. Es bedarf keines Hinweises darauf, daß im vorliegenden Falle gegebenenfalls die Gerichte zuständig sind, deren Entscheidung selbstverständlich durch diesen Erlaß nicht vorgegriffen werden kann.

Im Auftrage: gez. Unterschrift.

Diese Verfügung gab dem 1. Vorsitzenden des im Jahre 1920 gegründeten RELMA-Verbandes e.V. Anlaß zur Ausarbeitung einer Denkschrift*), die dem damaligen Minister für Handel und Gewerbe im Rahmen einer Verhandlung im Ministerium, Berlin, Leipziger Straße, persönlich überreicht wurde.

Vorher hatte der Vorsitzende des RELMA-Verbandes Gelegenheit, über den Inhalt der Denkschrift zu referieren. An dieser Verhandlung nahmen u. a. Beauftragte des Landesgewerbeamtes, der Industrie, des Handwerks und Ing. Schützer, Berlin, als Beauftragter der Berliner-Ankerwickeleien teil. In einer anschließenden Diskussion wurde der Inhalt der Denkschrift ausführlich behandelt und dem Antrag des RELMA-Verbandes stattgegeben.

Der Minister für Handel und Gewerbe hob seine Verfügung vom 30. 11. 1925 auf und erklärte in seinem Erlaß vom 3. Januar 1927 J. Nr. IV, 18647 die Selbständigkeit des Elektromaschinenbauer-Handwerkes. Mit diesem Erlaß wurden gleichzeitig die Berufsbezeichnungen:

Elektromaschinenbauer-Lehrling
Elektromaschinenbauer-Geselle
Elektromaschinenbauer-Meister

festgelegt und der Titel „Elektromaschinenbauermeister“ unter gesetzlichen Schutz gestellt.

Inzwischen hatte der RELMA-Verband die Meister- und Gesellenprüfungsordnungen für das Elektromaschinenbauer-Handwerk ausgearbeitet und dem deutschen Handwerkskammer- und Gewerbetag mit der Bitte um Einführung bei den Handwerkskammern eingereicht.

Seit diesem Zeitpunkt können bei den deutschen Handwerkskammern Meister- und Gesellenprüfungen im Elektromaschinenbauerhandwerk abgelegt werden.

---

*) Der Wortlaut dieser Denkschrift ist in dem Buch Raskop: „Das Elektromaschinenbauerhandwerk, 3. Auflage, S. 344 — 347, veröffentlicht.

II. Übersicht über das Prüfungsgebiet

Das Prüfungsgebiet ist in den

„Fachlichen Vorschriften für die Meisterprüfung im Elektromaschinenbauerhandwerk“

enthalten. Nachstehend folgt ein Auszug hieraus.

Fachliche Vorschriften für die Meisterprüfung im Elektromaschinenbauer-Handwerk

(Auszug)

§ 3 Grundforderungen und Mindestforderungen

Für das Elektromaschinenbauer-Handwerk sind nachstehende Grundforderungen maßgebend:

1. Anreißen und Messen
2. Feilen
3. Biegen, Richten, Nieten und Verschrauben
4. Schmieden
5. Gewindeschneiden
6. Bohren
7. Drehen
8. Löten
9. Schweißen
10. Werkzeuginstandsetzen
11. Ankerwickeln
12. Imprägnieren
13. Fehler bestimmen
14. Kenntnis der VDE-Vorschriften
15. Buchführung
16. Selbstkostenrechnung
17. Arbeitsschutz, Unfallverhütung

In den einzelnen Grundforderungen sind nachstehende Mindestforderungen zu erfüllen:

1. Anreißen und Messen

Zu fordern ist die maßgenaue Übertragung der Werkstattzeichnung auf den Werkstoff mit Hilfe der Anreißwerkzeuge (Körner, Reißnadel, Lineal, Zirkel, Stockzirkel, Rollmaß, Winkel, Parallelreißer usw.). Hierbei ist besonders zu achten auf die zweckmäßige Anordnung des Ganzen unter dem Gesichtspunkt der Werkstoffersparnis. Die richtige Handhabung der übrigen Meßwerkzeuge (Taster, Schieblehre, Winkelmesser, Schmiege, Wasserwaage, Rachenlehre und Lehrdorne) ist bei der Verarbeitung von Werkstücken nachzuweisen.

2. Feilen

Das Beherrschen des Schruppens, Schlichtens, Feinschlichtens von Stahl, Gußeisen, Kupfer, Aluminium und deren Legierungen ist nachzuweisen. Eine der Bearbeitungsart entsprechende Maßhaltigkeit ist zu verlangen. Gefeilte Flächen müssen einen geraden, sauberen Strich aufweisen. Die Ebenheit der Flächen ist durch Anlegen eines Lineals nach jeder Richtung zu prüfen. Es dürfen sich keine Abweichungen ergeben. Die Winkelhaltigkeit von Flächen zueinander ist durch Anlegen eines Winkels entsprechender Größe an jeder Stelle der Scheitellinie und durch lotrechtes Aufsetzen des Winkels zu prüfen. Bei der Feilarbeit ist auf die Stellung des Prüflings und die Haltung der Feilwerkzeuge zu achten. Die Kenntnis der wirtschaftlichen Verwendung der für den Werkstattgebrauch zur Verfügung stehenden neuen und alten Feilen in bezug auf die Bearbeitung von Metallen verschiedener Härte ist notwendig.

3. Biegen und Richten, Nieten und Verschrauben

Zu fordern ist die Beherrschung des Kalt- und Warmbiegens von Blechen und Formstäben kleineren Querschnitts. Die geforderten Biegewinkel und -radien sind unter Berücksichtigung der Streckung und Stauchung genau einzuhalten. Ferner ist die Beherrschung des Nietens und Verschraubens einfacher Konstruktionen nachzuweisen.

4. Schmieden

Nachzuweisen ist die Beherrschung der Feuerbehandlung von Stahl sowie einfacher Schmiedearbeiten. Hierzu gehört die Anfertigung und Instandsetzung von Werkzeugen, wie Drehstählen, Bohrern, Meißeln, Stemmern usw. Auf sachgemäße Feuerhaltung sowie richtige Handhabung der Schmiedewerkzeuge ist zu achten.

5. Gewindeschneiden

Zu verlangen ist das Gewindeschneiden mit Gewindebohrer, Kluppe und auf der Drehbank, und zwar Innen- und Außengewinde. Die geschnittenen Gewinde müssen genauen Gang haben, der mit Prüfmutter und Prüfbolzen festzustellen ist. Es darf sich weder ein Spiel noch Klemmen ergeben. Auf die Einhaltung der DIN-Normen ist zu achten.

6. Bohren

Zu verlangen ist das Bohren von Stahl und anderen Metallen sowie von Marmor und Isolationsmaterial mit Hand- und Ständerbohrmaschine. Die Löcher müssen senkrecht und in verschiedenen Winkeln gebohrt werden können und müssen den Normalanforderungen an Genauigkeit entsprechen. Die vorgeschriebenen Bohrstellen und die Bohrrichtungen sind genau einzuhalten. Die Beherrschung des Unfallschutzes bei Benutzung von Bohrmaschinen ist nachzuweisen.

7. Drehen

Zu verlangen ist die Beherrschung einfacher Dreharbeiten an Stahl- und Metallteilen. Hierzu gehören Schruppen, Schlichten, Längs- und Plandrehen und Ausdrehen. Auf die Einhaltung der geforderten Maße ist besonders zu achten. Die Beherrschung des Unfallschutzes bei Benutzung von Drehbänken ist nachzuweisen.

8. Hart- und Weichlöten

Zu fordern sind Hart- und Weichlötungen von Kupfer, Kupferlegierungen, Eisen und anderen Metallen. Je nach der Eigenart des Werkstückes kann die Lötung im Feuer oder mit Hilfe des Schweißbrenners, der Lötlampe oder des Lötkolbens ausgeführt werden. Die Lötstellen müssen für die Lötung so vorgearbeitet sein, daß die bestmögliche Vereinigung erreicht wird. Die Lötnähte müssen sauber und das Lot glatt durchgeflossen sein. Lottropfen oder Verschmierungen dürfen sich nicht bilden. Ebenso darf ein Verbrennen oder Verschmoren des Werkstoffes nicht eintreten. Die Kenntnis und sachgemäße Verwendung der üblichen Fluß- und Lötmittel, der Eigenschaften derselben, der Vorbereitung und Handhabung der Lötwerkzeuge ist nachzuweisen.

9. Schweißen

Zu fordern ist die Beherrschung der Stahl- und Gußeisenschweißung bis 20 mm Werkstoffdicke, und zwar mittels Gasschmelzschweißung oder Elektroschweißung. Die Nähte müssen unter Berücksichtigung der Werkstoffeigenschaften sauber und gleichmäßig durchgeschweißt werden. Auf sachgemäße Vorbereitung der Schweißstöße ist zu achten. Die Güte der Schweißung ist durch mechanische Beanspruchung zu prüfen.

10. Werkzeuginstandsetzung

Zu verlangen ist, daß die im Elektromaschinenbauer-Handwerk gebräuchlichen Handwerkszeuge sachgemäß instandgesetzt werden können. Hierzu gehört das Glühen, Ausschmieden und Härten der gebräuchlichen Werkzeuge (Meißel, Schraubenzieher, Drehstähle, Bohrer usw.) sowie das Schleifen derselben. Es ist darauf zu achten, daß der Schliff den DIN-Normen entspricht.

11. Ankerwickeln *)

Nachzuweisen ist die Beherrschung aller für die Ankerwickelei erforderlichen Arbeiten. Hierzu gehört die Festlegung der Isolation, wobei auf die richtige Auswahl des Isoliermaterials unter Berücksichtigung der Betriebsspannung zu achten ist, ferner das Zuschneiden und Einbauen der Isolation, die Anfertigung der notwendigen Schablonen und Hilfsmittel für die Herstellung einer Trommelspulenhandwicklung und der Stabwicklung. Weiter ist zu verlangen die Herstellung von Wicklungselementen, wie Spule, Gruppe usw., der sachgemäße Einbau der Wicklungselemente in den aktiven Eisenkörper.

Die Auskleidung von Nuten hat so zu erfolgen, daß ohne Anwendung übermäßiger Schubkraft die Formspulenhandwicklungen und Stabwicklungen in die isolierten Nuten eingebracht werden können. Dabei ist auf

---

*) Siehe Raskop: Katechismus — Ankerwicklungen 12. Auflage 1957.

festen Sitz der Wicklungselemente zu achten. Fertige Wicklungen müssen sauber ausgerichtet sein; Lötstellen an den Wickelköpfen bei Stabwicklungen müssen gleichen Abstand haben und gut durchgelötet sein. Wickelköpfe, Bandagen und Lötstellen müssen praktisch schlagfrei sein. Auf die sachgemäße Handhabung der Handwerkszeuge sowie die richtige Vorbereitung und Durchführung der einzelnen Arbeitsgänge ist besonders zu achten. Die REM-Regeln (Regeln für die Bewertung und Prüfung elektrischer Maschinen) sind einzuhalten.

12. Imprägnieren

Nachzuweisen ist die Kenntnis der Eigenschaften von luft- und ofentrocknenden Imprägnier- und Überzugslacken sowie deren sachgemäße Verdünnung und Verwendung. Die verschiedenen Imprägnier- und Trockenmethoden müssen beherrscht werden. **)

13. Fehler bestimmen und Prüfen

Nachzuweisen ist die Beherrschung aller im Elektromaschinenbauer-Handwerk üblichen Prüfmethoden. Hierzu gehören das Feststellen von Fehlern an elektrischen Maschinen und Transformatoren unter Anwendung der üblichen Hilfsmittel und Meßinstrumente sowie die Kenntnis der Regeln für Bewertung und Prüfung elektrischer Maschinen und Transformatoren. Die Kenntnis über Bau, Wirkungsweise, Anschluß und Handhabung von Volt-, Ampere-, Watt- und Ohmmetern, Strom- und Spannungswandlern sowie der für die Leistungsmessung erforderlichen Meßinstrumente ist nachzuweisen. Die Anwendung der Zweiwattmetermethode für die Prüfung der Leistung, des Leistungsfaktors und des Wirkungsgrades sowie Auswertung der Meßergebnisse ist zu beherrschen.

14. Kenntnis der VDE-Vorschriften **)

Nachzuweisen ist die Kenntnis der für das Elektromaschinenbauer-Handwerk in Frage kommenden VDE-Vorschriften, -Regeln und -Leitsätze. Ihre Einhaltung ist unerläßlich. Sie sind daher als Ergänzung zu den vorstehend ausgeführten Mindestforderungen in den Grundforderungen anzusehen.

15. Buchführung

Zu verlangen ist die Beherrschung einer einfachen Buchführung, die allen gesetzlichen Anforderungen und den Erfordernissen einer ordnungsgemäßen Betriebsführung und Preisberechnung entspricht. Die einzelnen Bücher müssen bekannt sein, die Eintragungen sowie die Abschlußarbeiten müssen sicher und einwandfrei ausgeführt werden können.

**) Siehe Raskop: 1. Isolierlacke 3. Auflage, 2. Isolierlack-Fibel. Technischer Verlag H. Cram, Berlin W 35.

16. Selbstkostenrechnung

Nachzuweisen ist die Beherrschung einer einwandfreien Preisberechnung. Hierzu gehören Kenntnis und Berechnung sämtlicher Kosten (Materialkosten, Lohnkosten, Unkosten). Insbesondere ist auf die einwandfreie Verrechnung der Unkosten sowie auf die genaue Ermittlung der Material- und Zeitkosten Wert zu legen. Zu verlangen ist außerdem, daß Kostenanschläge mit Angebotsschreiben einwandfrei ausgeführt werden können.

17. Arbeitsschutz, Unfallverhütung

Kenntnis der Arbeitszeit-, Krankenkassen- und Invalidenversicherungs-Bestimmungen, der Unfallverhütungsvorschriften und der einschlägigen Arbeitsschutz- (besonders Jugendschutz-) Bestimmungen, der Art der Verletzungen durch elektrischen Strom und erste Hilfe.

Aus § 4 Arbeitsproben

Beispiele für Arbeitsproben:

Anfertigen und Einpassen eines Federkeils zur Befestigung einer Motorriemenscheibe, eines Kollektors oder eines Ankerblechpaketes usw. (Feilen, Schmieden).

Herstellen eines Kaltmeißels (Schmieden, Härten, Feilen und Schleifen).

Einspannen eines Werkstückes zwischen die Körnerspitzen oder in die Planscheibe oder in das Werkfutter einer Drehbank. Abdrehen bis zur Stärke eines gegebenen Gewindes und Anschneiden eines Gewindes auf der Drehbank. (Kluppe oder Schneideisen ist zulässig.) Ausbohren einer Motorriemenscheibe nach gegebenen Maßen, Anfertigen der Keilnute, Bohren des Loches für Feststellschraube und Gewindeschneiden für diese Schraube (Bohren, Drehen, Gewindeschneiden).

Anfertigen einer Schraube mit Sechskantkopf, Anfertigen einer dazu passenden sechskantigen Gewindemutter. Anfertigen eines Gewindebohrers und Schneideisens. Abschmieden und Härten eines Drehstahles, Schraubenziehers, Bohrers usw.

Neuanschliff von Werkzeugen, wie Drehstähle, Bohrer, Meißel usw., Aufarbeiten eines Stemmers, Wickelholzes und Isolationsschneiders. Anreißen einer Grundplatte aus Isoliermaterial für einen Anlasser. Messen und Einteilen der Kontaktsegmente, Bohren der Löcher hierfür.

Herstellen der Isolierung für einen Gleichstromanker von etwa 4 kW, 440 Volt, Abnehmen der Maße für die Anfertigung einer Ankerformspule, Herstellen der erforderlichen Spulenschablone oder einiger Ankerformspulen. Einbauen derselben in den Ankerkern, Einlegen der Schaltenden in den Kollektor nach Festlegung des Kollektorschrittes. Einlöten der Wicklungs-Schaltenden in den Kollektor eines Gleichstromankers.

Feststellung eines Fehlers an einem Drehstromständer. Ein betriebsfertig wiederhergestellter Drehstrommotor ist unter Anwendung der Zweiwattmeter-Methode auf Leistung, Leistungsfaktor und Wirkungsgrad zu prüfen und die Meßergebnisse sind auszuwerten. *)

Ein fertig gewickelter Drehstromanker ist in ofentrocknendem Isolierlack zu imprägnieren.

Aus § 5 Das Meisterstück

Die Tätigkeit des Elektromaschinenbauer-Handwerkers umfaßt sowohl Arbeiten aus dem Gebiet des allgemeinen Maschinenbaues als auch Arbeiten auf dem Gebiet des allgemeinen Maschinenbaues, sowie auch aus dem Gebiet der Elektrotechnik. Das Meisterstück muß daher Arbeiten aus beiden Arbeitsgebieten enthalten, wobei jedoch besonderer Wert auf die elektrotechnischen Arbeiten zu legen ist.

Das Meisterstück muß den Vorschriften des Verbandes Deutscher Elektrotechniker (VDE), insbesondere den Regeln für die Bewertung und Prüfung elektrischer Maschinen und Transformatoren sowie den Entstörungsvorschriften entsprechen.

Beispiele für das Meisterstück:

1. Aus dem Maschinenbau:
   a) Bearbeitung eines Motorengehäuses einschließlich Anfertigen der Welle und Lager des Kollektors bzw. Schleifringkopfes.
   b) Herstellung eines Kernes für einen Drehstrom- oder Wechselstrom-Transformator.
   c) Herstellung eines größeren Anlasser- oder Regulierwiderstandes oder eines gleichwertigen Spezialapparates.
2. Aus der Elektrotechnik:
   a) Betriebsfertige Herstellung der Wicklungen für einen Drehstrom-Transformator mit geringer Leistung und hoher Primärspannung (z. B. 5 — 10 kVA, 10000 Volt).
   b) Betriebsfertige Herstellung der Wicklungen für einen Drehstrom-Motor mit geringer Leistung und hoher Primärspannung.
   c) Betriebsfertige Herstellung einer schwierigen Gleichstrom-Läuferwicklung einschließlich Anfertigung der hierzu notwendigen Hilfsmittel, z. B. Biegevorrichtungen, Schablonen und sonstiger Hilfswerkzeuge.
   d) Betriebsfertige Herstellung einer schwierigen Drehstrom-Läuferwicklung einschließlich der hierzu notwendigen Hilfsmittel.

§ 8 Allgemeines zur theoretischen Prüfung

Die theoretische Prüfung ist schriftlich und mündlich durchzuführen. Falls erforderlich, sind Skizzen von dem Prüfling anzufertigen. Neben der mündlichen Prüfung sind schriftlich zu prüfen:

---

*) Raskop: Berechnungsbuch des Elektromaschinenbauer - Handwerkers 7. Aufl., S. 89 — 105.

1. Allgemeinkenntnisse;
2. Fachzeichnen (Arbeitsanweisung durch Freihandskizzen);
3. Fachrechnen;
4. Selbstkostenrechnung, Preisbestimmung;
5. Buchführung.

In der schriftlichen Prüfung sind die Aufgaben über Fachzeichnen, Fachrechnen und Preisberechnung zu einer Hauptaufgabe zusammenzuziehen. Dem Prüfling wird vom Prüfungsausschuß eine Ausschreibung bekanntgegeben, für die er ein vollständiges Angebot einzureichen hat. Die Hauptaufgabe besteht in der Anfertigung einer sauberen maßstäblichen Bleistiftskizze des Angebotsgegenstandes, Feststellung des Werkstoffbedarfs (Stückliste), Berechnung der Werkstoff-, Lohn- und Selbstkosten bis zum Angebotspreis. Die ausgearbeiteten Unterlagen sind mit einem Angebotsschreiben dem Meisterprüfungsausschuß zu übergeben.

Beispiele:

Ausarbeitung eines Angebotes über

die mechanische Bearbeitung eines Motorgehäuses einschließlich Herstellung der Welle und Lager, des Kollektors bzw. Schleifringkopfes sowie Anfertigung der Werkzeuge, Hilfsmittel usw.;

die Herstellung eines Transformatorenkernes nach Angabe;

die Herstellung eines größeren Anlasser- oder Regulierwiderstandes;

die betriebsfertige Herstellung der Wicklungen an einem Drehstrom- oder Wechselstrom-Transformator;

die betriebsfertige Herstellung einer schwierigen Gleich- bzw. Drehstromwicklung;

die Anfertigung neuer Feldspulen für einen Gleichstrommotor bzw. Neuwicklung eines Stators.

Der Ausbildungsgang des Prüflings ist für die Aufgabenstellung maßgebend. Dauer dieser Kalkulationsarbeiten mindestens fünf Stunden.

§ 9 Prüfungsgebiete für die theoretische Prüfung

A. Fachtechnischer Teil

1. Grundzüge der technischen Naturlehre und Stoffkunde *)

Zustandsformen der Körper, mechanische Eigenschaften der Körper, Festigkeit, Härte, Dehnbarkeit, Spannkraft, Dehnsteife, Sprödigkeit, Anhangskraft, Haarröhrchenanziehung, Einheitsgewicht, Luftdruck.

Das Wichtigste aus der Wärmelehre, Wesen der Wärme, Wärmequellen, Wärmemessung, Körperausdehnung durch Wärme, Schmelzpunkte der

*) Siehe Raskop „Das Elektromaschinenbauer-Handwerk, Abschn. „Werkstoffkunde", 3. Auflage. Technischer Verlag H. Cram, Berlin W 35.

verschiedenen Metalle. Schwindmaße, Verdampfen, Siedepunkt, Wärmeleitfähigkeit verschiedener Metalle. Wichtige chemische Grundstoffe und ihre Verbindungen: Sauerstoff, Wasserstoff, Kohlenstoff, Phosphor, Säuren, Laugen, Säurebeständigkeit der Metalle.

2. Werkstoffkunde *)

Metalle: Stahl, Gußeisen, Kupfer, Nickel, Aluminium, Blei und deren Legierungen, Lagermetalle.

Isolierstoffe: Keramische Isolierstoffe, Gummi und gummihaltige Isolierstoffe, nichtkeramische, gummifreie Isolierstoffe und Preßstoffe.

Isoliertextilien, Isolierlacke, Imprägniermittel und -methoden.

Öle: Mineralische und organische Öle.

Zu verlangen sind allgemeine Kenntnisse über Benennung, Gewinnung, Eigenschaften und Verwendung der vorgenannten Werkstoffe sowie Kenntnis der handelsüblichen Sorten und deren Bezeichnung.

3. Betriebs- und Hilfsstoffe

Löt- und Flußmittel, Härtemittel, Kitte und Klebemittel, Brennstoffe, Schmiermittel.

4. Grundzüge der Elektrizitätslehre

Das magnetische Feld, Leiter und Nichtleiter, elektromotorische Kraft, Grundgesetze: Ohmsches Gesetz, Kirchhoffsches Gesetz, Leitwerte und Leitwiderstände, Wärmewirkung des elektrischen Stromes, Joulesches Gesetz, magnetische Wirkungen des elektrischen Stromes, Elektromagnet, Spule, das eletrodynamische Prinzip, elektromagnetische Induktion, Stromverzweigungen, Schaltungen von Stromerzeugern und Widerständen, Reihenschaltung, Parallelschaltung, gemischte Schaltung.

5. Elektrotechnik

a) Gewinnung elektrischer Energie: Stromerzeugung, Aufbau und Wirkungsweise von Gleichstromgeneratoren, Wechselstrom- und Drehstromgeneratoren.

b) Speicherung elektrischer Energie: Aufbau, Wirkungsweise und Ausführungsformen von Akkumulatoren.

c) Transformierung und Umformung des elektrischen Stromes: Aufbau und Wirkungsweise von Transformatoren, Prinzip der elektromagnetischen Induktion, Kern- und Manteltransformatoren, Drehstromtransformatoren.

Bau- und Wirkungsweise von Maschinenumformern: Motor-Generator, Einankerumformer, Kaskadenumformer.

Bau- und Wirkungsweise von Gleich- und Wechselrichtern, Einweg-

---

*) Siehe Raskop „Das Elektromaschinenbauer-Handwerk, Abschn. „Werkstoffkunde", 3. Auflage. Technischer Verlag H. Cram, Berlin W 35.

und Vollweg-Gleichrichter, Quecksilberdampfgleichrichter für kleine und große Leistungen, Kontaktgleichrichter, Wechselrichter.

d) Fortleitung und Verteilung elektrischer Energie: Energieverteilung, Fernleitungen, Hoch-, Mittel- und Niederspannungsleitungen, Kabel- und Freileitungen.

e) Elektromotoren: Gleichstrommotoren: Aufbau, Schaltung und Wirkungsweise, Anlassen, Änderung der Drehrichtung; Hauptstrommotor, Nebenschlußmotor, Doppelschlußmotor.

Drehstrommotoren: Aufbau, Schaltung und Wirkungsweise, Drehzahl und Drehrichtung, Anlassen, Stern- und Dreieckschaltung; Synchronmotor, Asynchronmotor mit Schleifringanker und Kurzschlußanker, Drehstromkollektormotor.

Wechselstrommotoren: Schaltung, Wirkungsweise und Aufbau, Universalmotoren, Einphasen-Reihenschlußmotor.

Verwendung der Motoren in Gewerbe, Verkehr, Landwirtschaft und Haushalt, gebräuchliche Ausführungsformen nach Verwendungszweck und Art der Belastung, Wartung der verschiedenen Typen.

f) Elektrische Kraftwerkzeuge: Bau, Wirkungsweise und Verwendung der gebräuchlichen elektrischen Kraftwerkzeuge.

g) Elektrische Schweißanlagen und Schweißgeräte: Bau und Wirkungsweise sowie Verwendung von Schweißgeneratoren, Schweißumformern und -transformatoren, Schweißgeräte für Lichtbogen- und Widerstandsschweißung.

h) Elektrogeräte: Aufbau und Wirkungsweise der verschiedenen Elektrowärmegeräte, wie Bügeleisen, Wärmeplatten, Heizsonnen, Heizkissen, Elektroherde, Heißwasserspeicher, Durchlauferhitzer, Kühlschränke usw.

i) Meßinstrumente: Aufbau, Wirkungsweise und Verwendung von Weicheisen-, Drehspulen- und ferrodynamischen Instrumenten zur Messung von Spannung, Widerstand, Leistung, Frequenz, Leistungsfaktor, Meßbrücken, Zähler. Kenntnis der Zweiwattmetermethode (Wattmeter und Wattmeterumschalter) für Leistungsmessungen an Drehstrommotoren. Isolations-, Widerstands- und Leistungsmessungen nach den Regeln für Prüfung und Bewertung des Verbandes Deutscher Elektrotechniker.

6. Maschinenkunde

1. Antriebsmaschinen, Werkzeugmaschinen, Werkzeuge und Geräte.
2. Berechnung der Übersetzungsverhältnisse an den Werkzeugmaschinen.

7. Fachrechnen

Flächen- und Körperberechnung, Gewichtsberechnung von Blechen, Wicklungen und Metallformstäben, Berechnung von Widerständen, Umrechnung von Wickeldaten, Riementrieben und Zahnradvorgelegen.

8. Fachzeichnen

Es sind nachzuweisen Kenntnisse im Lesen von Zeichnungen, Schaltzeichen nach DIN-VDE, Schaltbildern. Der Prüfling muß Arbeitsanweisungen durch Freihandskizzen geben.

9. Besondere an das Fach gebundene gesetzliche und sonstige Vorschriften

Vorschriften des Verbandes Deutscher Elektrotechniker (VDE) sowie Regeln für Bewertung und Prüfung elektrischer Maschinen und Transformatoren des VDE. Baupolizeiliche Vorschriften, Verdingungsordnung für Bauleistungen, VOB, VOL. Unfallverhütungsvorschriften der Berufsgenossenschaften.

Schrifttum:

1. Die Meisterprüfung im Elektromaschinenbauer-Handwerk 4. Auflage.
2. Der Katechismus für die Ankerwickelei 12. Auflage 1957.
3. Das Berechnungsbuch des Elektromaschinenbauerhandwerkers 7. Aufl.
4. Isolierlacke im Elektromaschinenbau 3. Auflage.
5. Wicklungs-Schaltbilder, Mappe A = 43 Stück, Mappe B = 76 Stück in DIN-A-4-Format. Technischer Verlag H. Cram, Berlin, W 35.

Die Vorbereitung zur Meisterprüfung im Elektromaschinenbauerhandwerk

Folge I

Gleichstrom-Ankerwicklungen

I. **Wicklungsarten:** Nach der Art der Gleichstrom-Ankerwicklungen unterscheidet man:

1. Schleifen- (Parallel-) Wicklungen
2. Reihen- (Serien-) Wicklungen
3. Reihen-Parallelwicklungen.

II. Zweipolige Gleichstromanker besitzen ausschließlich
Schleifen- (Parallel-) Wicklungen.

Mehrpolige Gleichstromanker können mit einer der unter Ziffer 1 — 3 angegebenen Wicklungsarten ausgerüstet sein. Mehrpolige Schleifen- (Parallel-) Wicklungen neigen leicht zu Funkenbildungen und erhalten deshalb im Regelfall A u s g l e i c h s v e r b i n d u n g e n, die sowohl hinter dem Kollektor, als auch am Wickelkopf (Riemenscheibenseite) angeordnet werden können.

III. Die Zahl der parallelen Stromzweige ist bei einer Schleifen- (Parallel-) Wicklung stets gleich der Polzahl = 2p. (Diese Feststellung ist sehr wichtig!) Der Strom, der durch einen Ankerleiter fließt, ist bei Schleifen- (Parallel-) Wicklungen daher:

Ankerstrom : Polzahl $\left(\frac{Ia}{2p}\right)$

Bei einem 3,7 kW = 5 PS Gleichstromanker 110 Volt beträgt der totale Ankerstrom etwa 40 Ampere. (Man rechnet bei 110 Volt etwa 8 Amp. je PS.) Bei einem 2-pol. Anker fließt daher in einem Ankerleiter, bezogen auf das vorstehende Beispiel:

40 : 2 = 20 Ampere.

Bei einem 4-poligen Anker hingegen

40 : 4 = 10 Ampere.

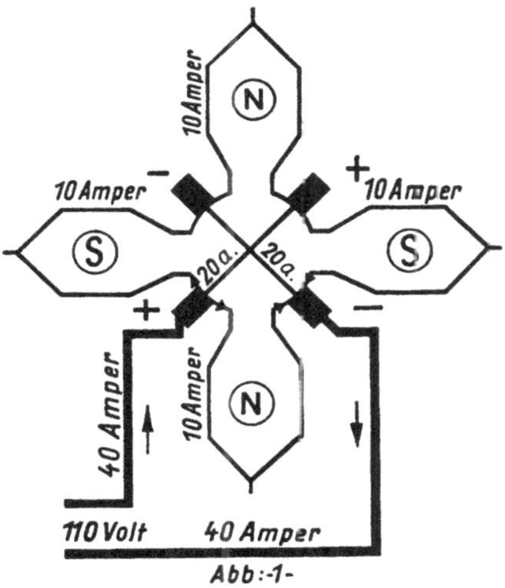

Abb. 1. 4polige Gleichstromanker-Schleifenwicklung. Prinzipdarstellung der 4 parallel geschalteten Ankerzweige und der Stromverteilung auf die 4 Zweige, bei einem Nennstrom von 40 Amper. Die gleichpoligen Bürsten sind miteinander verbunden. Bürstenstellung = 90°.

IV. Die spezifische Strombelastung je mm² Leiterkupfer wählt man bei umlaufenden (Anker-) Wicklungen und offener Ausführung des Motors etwa

4 — 6 Amp. / mm².

Bei langsam laufenden Maschinen setzt man den niedrigen Wert (4 Amp.), bei mittleren Drehzahlen (etwa 1500 n) und bei hohen Drehzahlen 6 Amp. / mm² ein.

V. Wenn die Wicklungsart des Ankers, die Zahl der parallelen Stromzweige, die Polzahl, Drehzahl, die Ausführung (offen, gekapselt usw.), sowie die Spannung und Leistung eines Gleichstrommotors bekannt ist, kann man den Leiterquerschnitt der Ankerwicklung (q_{cu}) leicht berechnen.

Beispiel:

Für einen 3,7 kW-Gleichstrommotor normale, offene Ausführung, 1450 n, 20 Amp., 220 Volt, 4-polig, Schleifenwicklung beträgt der Leiterquerschnitt der Ankerwicklung demnach

ca. 5 Ampere : 5 = 1 mm²

oder Runddraht von etwa 1,15 mm ϕ, denn die Zahl der parallelen Stromzweige ist = 4 und die Strombelastung je mm² Leiterquerschnitt ist etwa 5 Ampere.

Umgekehrt kann man nach Kenntnis der Zusammenhänge auch den Kollektorschritt der Ankerwicklung und somit auch den Charakter derselben feststellen.

Beispiel:

Für einen ausgelöteten Anker eines 5 PS Gleichstrommotors gemäß vorstehenden Beispiels soll der Kollektorschritt festgestellt werden, da derselbe unbekannt ist.

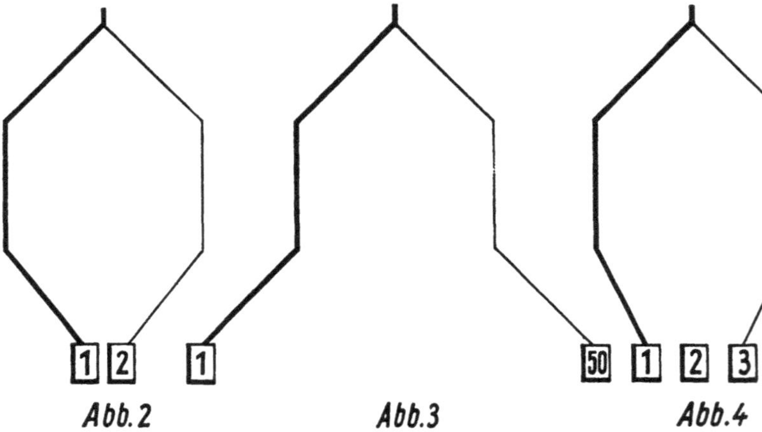

Abb. 2. **Schleifen-Wicklung** mit Schaltschritt 1–2.
Abb. 3. **Reihenwicklung** mit Schaltschritt 1 50 (4 polig, 99 Lamellen).
Abb. 4. **Zweigängige Schleifenwicklung** mit Kollektorschritt (Schaltschritt) 1–3.

Der Querschnitt des Ankerleiters ist etwa 1 mm². Bei der zulässigen Stromdichte von 5 Amp. muß die Ankerwicklung demnach soviel parallele Stromzweige erhalten, daß je Zweig 5 Amp. fließen.

20 Amp. : 5 Amp. = 4 Stromzweige.

Der Kollektorschritt ist also 1 : 2, wie das bei sämtlichen, einfach geschlossenen Schleifen- (Parallel-) Wicklungen der Fall ist. An einem fertig gewickelten Anker erkennt man die Schleifen- (Parallel-) Wicklung in der Regel daran, daß die Schaltdrähte

Anfang: von links nach rechts
Ende: von rechts nach links

zum Kollektor geführt werden (Abb. 2).

Zur Sicherheit lötet man indessen einige Schaltdrähte aus dem Kollektor und prüft, ob der Kollektorschritt 1 : 2 ist. Dann liegt stets eine Schleifen- (Parallel-) Wicklung vor.

VI. Bei einer Reihenwicklung ist die Zahl der parallelen Stromzweige stets = 2, gleichgültig, welche Polzahl die Maschine hat. Würde der unter Absatz V beschriebene 5 PS Anker eine 4-polige Reihenwicklung erhalten, so wäre die Zahl der parallelen Stromzweige = 2. In einem Ankerleiter würde unter Beibehalt des Beispiels also nicht mehr 5 Ampere, sondern

$$20 : 2 = 10 \text{ Ampere}$$

fließen und der Leiterquerschnitt müßte 10 : 5 = 2 mm² oder etwa 1,6 mm ∅ betragen. Sehr wichtig!!

Der Kollektorschritt berechnet sich nach der bekannten Formel

$$\text{Kollektorschritt} = \frac{\text{Anzahl der Teilspulen} \pm 1}{\text{halbe Polzahl}} = \left(\frac{St \pm 1}{p}\right) \quad (1)$$

Bei 4-pol. Ausführung und 99 Lamellen ist der Kollektorschritt also:

$$\frac{99 - 1}{2} = 49 \text{ (ungekreuzt).}$$

Der Anfang einer Spule liegt in Lamelle 1 und das Ende dieser Spule in Lamelle 1 + 49 = 50 (Abb. 3).

Wird in der Formel -1- das Minuszeichen eingesetzt, erhält man eine sogenannte ungekreuzte Wicklung, mit dem Pluszeichen eine gekreuzte Wicklung. Beide Ausführungen sind möglich. In der Regel wählt man die ungekreuzte Wicklung.

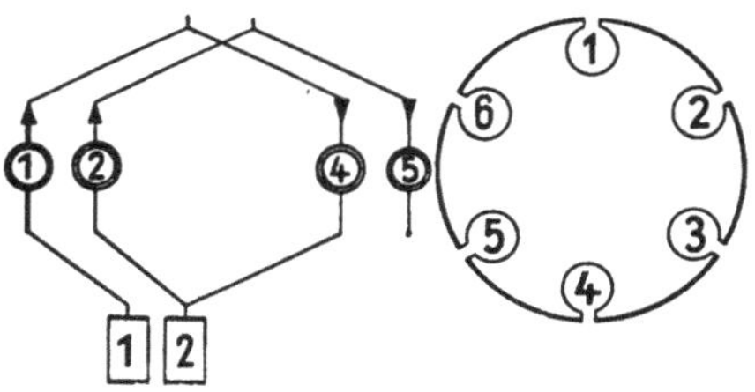

Abb. 5 rechtsläufige — ungekreuzte — Schleifenwicklung

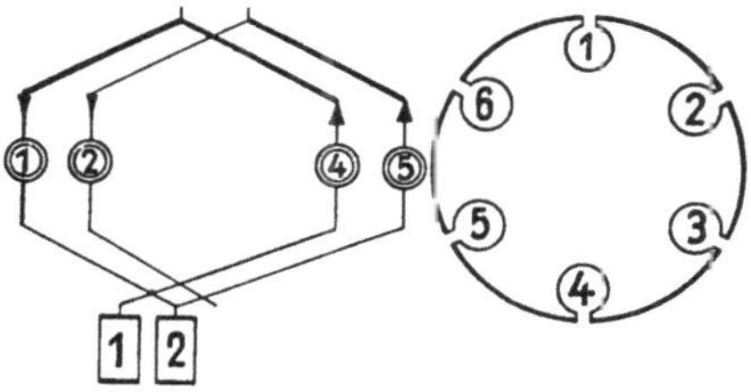

Abb. 6 linksläufige — gekreuzte — Schleifenwicklung

Hat ein Gleichstrommotor eine ungekreuzte Ankerwicklung und ändert man diese z. B. gelegentlich einer Neuwicklung in eine gekreuzte Wicklung um, so erhält der Anker eine entgegengesetzte Drehrichtung. Das ist wichtig, wenn nur der Anker zur Instandsetzung eingesandt wird, eine Umpolung des Magnetfeldest nicht sofort in der Werkstatt vorgenommen werden kann. Solche Änderungen können zu unliebsamen Beanstandungen führen. Man erkennt die Reihenwicklung an dem fertig gewickelten Anker in der Regel am Verlauf der Schaltenden, die auseinander gehen (Abb. 3).

VII. Die Reihenparallel-Wicklung kann 4 und mehr parallele Stromkreise im Anker haben, unbeschadet der Polzahl. Man wendet diese

Wicklungsart nur bei niedrigen Spannungen oder hohen Leistungen an. Der Kollektorschritt ist hierbei:

Y_k = Anzahl der Teilspulen ± halbe Zahl der parallelen Ankerstromzweige : halbe Polzahl. $\left(Y_k = \frac{St \pm a}{p} \right)$ (2)

Diese Wicklungsart arbeitet ohne Ausgleichsverbindungen nicht funkenfrei.

VIII. Eine Sonderausführung stellt die mehrgängige Schleifen- (Parallel-) Wicklung dar, die vielfach bei Niederspannungsmaschinen angewandt wird. Der Kollektorschritt ist in der Regel mit 1 : 3 gewählt (Abb. 4). Diese Wicklungen werden u. a. bei Niederspannungsmaschinen für niedrige Spannungen und hohe Ströme angewandt. Dieselben sind stets mit Ausgleichverbindungen versehen.

Aufgaben:

Aufgabe 1a:

Ein 2-poliger Gleichstrommotor normale, offene Ausführung 220 Volt, 1500 n, weist im Anker eine Drahtstärke von 0,9 mm ∅ auf (Schleifenwicklung).

Fragen:

a) Was kann der Motor für eine ungefähre Leistung abgeben?

b) Wieviel parallele Stromzweige hat der Anker bei Kollektorschritt 1 : 2?

Aufgabe 2a:

Ein 4-poliger Gleichstrommotor normale, offene Ausführung 220 Volt, 7,4 kW, 39 Amp., Kollektor 123 Lamellen, soll eine ungekreuzte Wicklung (Reihenwicklung) erhalten (2 parallele Zweige).

Fragen:

a) Welcher Drahtdurchmesser muß zur Anwendung kommen, wenn 2 Drähte parallel gewählt werden?

b) Welchen Kollektorschritt muß die Ankerwicklung erhalten?

Aufgabe 3a:

Ein 6-poliger Anker, Kollektor 152 Lamellen soll Reihenwicklung erhalten (2 parallele Ankerzweige).

Frage:

Welcher Kollektorschritt ist zu wählen?

Aufgabe 4a:

Ein 8-poliger Anker, Kollektor 241 Lamellen soll Reihenparallelwicklung mit 6 parallelen Stromzweigen erhalten.

Fragen:

a) Welcher Kollektorschritt ist zu wählen?

b) Ergibt sich eine gekreuzte oder ungekreuzte Wicklung?

Aufgabe 5a:

Welche Arten von Gleichstrommaschinen gibt es? Nenne dieselben, beschreibe sie kurz, erkläre den Zweck der verschiedenen Arten und das Verhalten derselben im Betrieb (siehe mündliche Prüfungsaufgaben Nr. 18, 19, 20, 54, 55, 61 — 65).

Aufgabe 6a:

Beantworte die mündlichen Prüfungsaufgaben Nr. 1, 2, 6, 8, 16, 34, 35, 36, 37, 38, 39, 40 Seite 21.

Folge II

Gleichstrom-Ankerwicklungen

1. Umschalten von Ankerwicklungen

Es kommt vor, daß eine vorhandene, betriebstüchtige Gleichstrommaschine für eine andere Spannung oder für eine andere Ankerdrehzahl verwendet werden soll. In solchen Fällen ist zu prüfen, ob durch eine Umschaltung der Anker- und Magnetwicklung der angestrebte Zweck erreicht werden kann. Man kann die Zahl der parallelen Stromzweige im Anker durch Änderung des Kollektorschrittes erhöhen oder herabsetzen. Somit kann man auch unter Beibehalt einer vorhandenen Ankerwicklung, lediglich durch Änderung des Kollektorschrittes, die Ankerdrehzahl ändern bzw. die Wicklung für eine andere Spannung herrichten.

Beispiel: Ein 2-poliger Gleichstrommotor 220 Volt, 1500 n hat im Anker eine Schleifen- (Parallel) Wicklung mit Kollektorschritt 1:2. Diese Wicklung hat 2 parallele Stromzweige. Wenn der Kollektorschritt auf 1 : 3 erhöht wird, so wird hierdurch auch die Zahl der parallelen Stromzweige erhöht und zwar auf das doppelte, also auf 4. Gleichzeitig wird aber auch die Zahl der effektiven Ankerleiter auf $^1/_2$ des bisherigen Wertes herabgesetzt. Da die Ankerdrehzahl bei gleichbleibender Feldstärke von der Zahl der effektiven Ankerleiter abhängig ist, so wird die Ankerdrehzahl durch die vorbeschriebene Änderung des Kollektorschrittes auf das doppelte, also auf 3000 n erhöht. — Würde man nun auch noch die beiden Feldspulen parallel schalten, so könnte der Motor für die gleiche Leistung und Drehzahl (1500 n) an eine Spannung von 110 Volt angeschlossen werden. Für beide Fälle ist zu berücksichtigen, daß der Ankerstrom bei voller Ausnutzung der Maschine sich ebenfalls verdoppelt.

Im ersteren Falle steigt die Leistungsabgabe unter Beibehalt der Spannung 220 Volt auf das doppelte, somit auch der Strom.
Im zweiten Falle ist die doppelte Stromaufnahme durch die Herabsetzung der Betriebsspannung auf 110 Volt bedingt. Dementsprechend muß auch der Bürstenquerschnitt vergrößert, bzw. eine andere Bürstenqualität gewählt werden. Im vorstehenden Beispiel wurde eine 2-polige Schleifen- (Parallel) Wicklung durch Änderung des Kollektorschrittes in eine sogenannte zweigängige Schleifen- (Parallel) Wicklung umgewandelt. Diese Umschaltung läßt sich bei Maschinen mit kleinen Leistungen im Regelfall praktisch durchführen. Wenn 3 Teilspulen in einer Nute nebeneinander liegen, ist von einer derartigen Umschaltung abzuraten.

Umschalten von Parallel- in Reihenwicklung

Wenn man durch Änderung des Kollektorschrittes eine vorhandene, mehrpolige Schleifen- (Parallel) Wicklung in eine Reihen- (Serien) Wicklung ändert, so erhält man stets 2 parallele Stromzweige. Diese Änderung ist im Regelfall nicht ohne weiteres möglich. Vielmehr muß in manchen Fällen die Zahl der Teilspulen im Anker und folgerichtig auch die Lamellenzahl des Kollektors geändert werden, damit die Voraussetzungen für die Umschaltung gegeben sind.

Beispiel: Ein 4-poliger Anker, 42 Nuten, Kollektorschritt 1:2, soll eine Reihenwicklung erhalten. Da 4-polige Reihenwicklungen nur mit ungeraden Lamellen- bzw. Spulenzahlen hergestellt werden können, (abgesehen von der sogenannten künstlich geschlossenen Reihenwicklung), so muß eine Teilspule „blind" gelegt, eine Lamelle aus dem Kollektor entfernt, oder mit der nächstliegenden überbrückt werden. Bei 83 Teilspulen und 83 Kollektorlamellen ergibt sich für eine 4-polige Reihenwicklung ein Kollektorschritt von 1 — 42. Durch eine derartige Schaltung wird die ursprüngliche Zahl der parallelen Stromzweige von 4 auf 2 herabgesetzt. Folgerichtig wird die Ankerdrehzahl bei gleichbleibender Betriebsspannung und unveränderter Magnetwicklung ebenfalls auf die Hälfte der ursprünglichen herabgesetzt. Gleichzeitig fällt aber auch die Leistungsabgabe der Maschine um etwa 50 %. Umgekehrt kann man auch eine vorhandene Reihen- (Serien) Wicklung in eine Parallelwicklung ändern. In der Praxis kommt dieser Fall verhältnismäßig selten vor, weil die mehrpolige Parallel- (Schleifen) Wicklung ohne Ausgleichsverbindungen nicht funkenfrei arbeitet und die Voraussetzungen für die Anbringung derselben nicht immer gegeben sind. Ändert man eine Reihen- (Serien) Wicklung in eine mehrpolige Schleifenwicklung um, so erhöht sich die Zahl der parallelen Stromzweige in der Ankerwicklung von 2 auf eine Zahl, die gleich der Polzahl der Maschine ist.

Beispiel: Ein 6-poliger Gleichstrommotor, Kollektor 124 Lamellen besitzt eine Reihenwicklung mit Kollektorschritt 1 — 42, die Zahl der parallelen Stromzweige im Anker ist bei Reihenwicklung stets = 2, gleichgültig, wieviel Pole die Maschine besitzt.

Ändert man den Kollektorschritt 1 — 42 in 1 — 2, so entsteht eine Parallelwicklung mit 6 parallelen Stromzweigen im Anker. Bei der Parallelwicklung ist die Zahl der Stromzweige = der Polzahl, die Zahl der effektiven Ankerleiter wird unter Beibehalt des Beispiels, also auf $^1/_3$ der ursprünglichen herabgesetzt. Hatte der Anker bei Reihenwicklung eine Drehzahl von beispielsweise 400 n, so beträgt dieselbe bei umgeändertem Magnetfeld und bei gleicher Betriebsspannung 3 . 400 = 1200 n. Hieraus ist ersichtlich, welche Auswirkungen eine derartige Umschaltung hat.

Umschaltung einer Reihenparallel- in eine Reihenwicklung

Wie wichtig die Kenntnis über die Zahl der parallelen Stromzweige bei Gleichstromankerwicklung ist, beweist die Umschaltung einer Reihenparallel- in eine Reihenwicklung. Die Zahl der parallelen Stromzweige kann bekanntlich (siehe Schulungsbrief Folge I) vier und mehr sein, unbeschadet der Polzahl. Somit kann z. B. eine 4-polige Reihenparallelwicklung 6 oder 8 parallele Stromzweige aufweisen. Eine solche Wicklung kann vielfach durch Änderung des Kollektorschrittes in eine Reihenparallelwicklung mit weniger parallelen Stromzweigen oder in eine Reihenwicklung umgeschaltet werden.

Beispiel: Anker 6-polig, Lamellenzahl = 181, Reihenparallelwicklung mit 4 parallelen Stromzweigen, Kollektorschritt 1 — 62, 110 Volt. Ändert man den Kollektorschritt in 1 — 61, so entsteht eine ungekreuzte Reihenwicklung mit 2 parallelen Stromzweigen. War der Anker ursprünglich für 110 Volt, so ist derselbe mit Kollektorschritt 1 — 61 für 220 Volt bei gleicher Ankerdrehzahl und entsprechend umgewickeltem Magnetfeld (für 220 Volt) zu verwenden. Eine Umwicklung des Ankers ist also nicht erforderlich, vielmehr genügt es in diesem Falle, die oberen Schaltdrähte um eine Lamelle nach links zu verlegen. Nicht immer paßt die Zahl der Teilspulen im Anker (= Lamellenzahl) für eine solche Umschaltung. In derartigen Fällen kann man 1 — 3 Teilspulen „blind" legen und hierdurch die Voraussetzungen für die Umschaltung schaffen (siehe Raskop, „Der Katechismus für die Ankerwickelei", 12. Auflage 1957, Seite 152).

Auch umgekehrt besteht die Möglichkeit, eine Reihenwicklung in eine Reihenparallelwicklung umzuschalten, wie das vorstehende Beispiel zeigt, hierbei ist zu beachten, daß Reihenparallelwicklungen — ohne Ausgleichsverbindungen — nicht mit Sicherheit funkenfrei arbeiten.

Die Kenntnis der Zusammenhänge setzt den selbständigen Elektromaschinenbauermeister in den Stand, Umwicklungen für andere Spannungen und Drehzahlen preiswert und sachgemäß durchzuführen.

Umschalten der Magnetspulen

Soll die Spannung bei einer Umwicklung herabgesetzt werden, so muß außer der Anker-Umschaltung auch die Parallelschaltung der Magnetspulen vorgenommen werden (s. „Katechismus", 12. Aufl. 1957, S. 153).

Aufgaben:

Aufgabe Nr. 7a:

Der Gleichstrommotor AEG, Type NEG 10, 1 PS, 220 Volt, 4,5 Amp. 1200 n 2-polig hat folgende Daten:

Anker: 22 Nuten, Kollektor 44 Lamellen, Wickelschritt 1 — 12, Kollektorschritt 1 — 2, je Nute 60 Drähte, Draht 0,9 mm ϕ.

Feld: Je Spule 4900 Windungen, Draht 0,35 mm ϕ.

Dieser Motor soll für 110 Volt, 600 n, 0,5 PS umgeschaltet werden.

Fragen:

a) Welchen Kollektorschritt muß der Anker erhalten?
b) Welcher Strom fließt in einem Ankerleiter nach der Umschaltung?
c) Welcher Strom fließt in einem Ankerleiter vor der Umschaltung?
d) Mit wieviel Amp./mm^2 ist der Ankerleiter im Falle -b- belastet?
e) Wie sind die Magnetspulen zu schalten?

Aufgabe Nr. 8a:

Derselbe Motor soll für 220 Volt, 2400 n umgeschaltet werden.

Fragen:

a) Welcher Kollektorschritt muß gewählt werden?
b) Welche Leistung kann der Motor bei voller Ausnutzung abgeben?
c) Welchen Strom nimmt der Motor bei voller Ausnutzung auf?
d) Was geschieht mit den Magnetspulen?
e) Wie steht es mit dem Bürstenquerschnitt?

Aufgabe Nr. 9a:

Derselbe Motor soll für 110 Volt, 1200 n umgeschaltet werden.

Fragen:

a) Welchen Kollektorschritt erhält der Anker?
b) Welche Schaltung erhalten die Magnetspulen?
c) Welcher Strom fließt nach der Umschaltung durch eine der beiden Magnetspulen?
d) Mit wieviel Ampere je mm^2 ist der Magnetdraht belastet?
e) Welche Leistung kann der Motor bei voller Ausnutzung abgeben?

Aufgabe Nr. 10a:

Der AEG-Motor Type EG 30, 1250 n, 4-polig, 220 Volt, 3 PS, 12,3 Amp. hat folgende Wickeldaten:

Anker: 33 Nuten, Kollektor 99 Lamellen, Kollektorschritt 1 — 50, je Nute 36 Drähte, Draht 1,0 mm ϕ, Wickelschritt 1 — 9.

Feld: 4 Spulen in Serie.

Fragen:

a) Welche Wicklung hat der Anker?

b) Wieviel parallele Stromzweige hat diese Wicklung?

c) Welcher Strom fließt bei Belastung durch einen Ankerleiter?

d) Wie läßt sich der Motor für 110 Volt, 625 n umschalten?

e) Welche Leistung hat der Motor nach dieser Umschaltung?

Aufgabe Nr. 11a:

Derselbe Motor soll für 220 Volt, 2500 n umgeschaltet werden.

Fragen:

a) Welche Wicklungsarten kann der Anker hierbei erhalten?

b) Was hat zu geschehen, wenn der Anker eine Reihenparallelschaltung mit 4 parallelen Stromzweigen erhalten soll?

c) Welche Leistung kann der Motor nach der Umschaltung bei voller Ausnutzung abgeben?

d) Welchen Strom nimmt der Motor hierbei auf?

e) Wie steht es mit dem Bürstenquerschnitt?

f) Wie steht es mit der Funkenbildung am Kollektor, wenn der Anker eine 4-polige Schleifenwicklung erhält. Desgleichen bei einer Reihenparallelwicklung?

Aufgabe Nr. 12a:

Ein 6-poliger Gleichstromanker mit 121 Teilspulen und 121 Kollektorlamellen, 4 parallelen Ankerstromzweigen, 110 Volt, 1000 n soll für 220 Volt bei gleichbleibender Ankerdrehzahl umgewickelt werden.

Fragen:

a) Ist eine Umschaltung des Ankers auf die geforderten Verhältnisse möglich?

b) Wieviel parallele Stromzweige muß die Wicklung erhalten?

c) Welcher Kollektorschritt muß gewählt werden, damit die Ankerwicklung 2 parallele Zweige erhält?

Aufgabe Nr. 13a:

Beantworte die mündl. Prüfungsfragen aus der Broschüre „Meisterprüfung" 9, 10, 13, 14, 17, 44, 45, 67 (siehe Katechismus).

Lösungen der schriftlichen Aufgaben aus dem Schulungsbrief Folge I:

Zur Aufgabe Nr. 1a: Fragen a) = ca. 1,5 PS b) = 2
Zur Aufgabe Nr. 2a: Fragen a) = 1,75 mm ∅ b) = 1 — 62
Zur Aufgabe Nr. 3a: 1 — 52
Zur Aufgabe Nr. 4a: Fragen a) = 1 — 62 b) = gekreuzte

Folge III

Gleichstrom-Ankerwicklungen

I. Umwickeln auf andere Drehzahlen und Spannungen

a) Umwicklung auf andere Drehzahlen:

Soll die Ankerdrehzahl eines Gleichstrommotors oder einer Dynamo aus irgendeinem zweckmäßigen Grunde erhöht oder herabgesetzt werden, so können hierbei zwei Wege beschritten werden.

1. Durch Schwächung des Nebenschlußfeldes

Schaltet man einen Ohmschen Widerstand in das Nebenschlußfeld, so werden die Amperwindungen desselben (Windungen mal Strom) herabgesetzt und die Ankerdrehzahl steigt. Diese Feldschwächung ist indessen nur bis zu einem gewissen Grade möglich. Wird hier eine bestimmte Grenze überschritten, so verliert die Maschine ihre „Stabilität“ und es tritt am Kollektor Funkenbildung auf. Bewegt sich die beabsichtigte Drehzahlerhöhung in engen Grenzen, soll z. B. die Drehzahl von 1350 auf 1500 erhöht werden, so läßt sich im Regelfall der vorbeschriebene Weg begehen. Andererseits kann man auch durch eine Verstärkung des Magnetfeldes die Ankerdrehzahl herabsetzen, z. B. durch Anbringung einer Compoundwicklung. Aber auch nach dieser Richtung sind enge Grenzen gezogen, denn die Umwicklung des Nebenschlußfeldes ist teuer, und durch die Verstärkung der Feld-Amperewindungen kann die „Kommutierung“ (funkenfreier Lauf) gestört werden.

2. Durch Herabsetzung oder Erhöhung der Ankerleiter

Im Regelfalle wählt man diesen Weg. Durch Herabsetzung der Zahl der Ankerleiter wird die Ankerdrehzahl erhöht, durch die Erhöhung derselben wird die Ankerdrehzahl herabgesetzt. Die Änderung der Zahl der Ankerleiter erfolgt in dem Verhältnis der beiden Drehzahlen zueinander.

Beispiel: Ein Anker hat 33 Nuten, je Nute 18 Leiter und eine Drehzahl von 1000 n. Soll die Ankerdrehzahl bei gleicher Spannung und Schaltung der Ankerwicklung auf 1500 n erhöht werden, so ergibt sich die Leiterzahl je Nute aus:

$$\frac{1000}{1500} \cdot 18 = \text{rund 12 Leiter je Nute.}$$

Soll hingegen unter Beibehalt des Beispieles die Ankerdrehzahl von 1000 auf 750 herabgesetzt werden, so ergibt sich die Leiterzahl je Nute aus:

$$\frac{1000}{750} \cdot 18 = \text{rund je 24 Leiter je Nute.}$$

Das Magnetfeld bleibt hierbei unverändert.
Der Querschnitt (nicht Durchmesser) des Ankerleiters ändert sich in umgekehrter Weise, jedoch im gleichen Verhältnis, wie sich die Drehzahlen zueinander verhalten.

Bei Herabsetzung der Leiterzahl = Erhöhung der Ankerdrehzahl wird der Leiterquerschnitt verstärkt. Bei Erhöhung der Leiterzahl = Herabsetzung der Ankerdrehzahl wird der Leiterquerschnitt herabgesetzt. Auch die Leistungsabgabe der Maschine ändert sich in demselben Verhältnis, wie die Drehzahlen zueinander.

Beispiel: Der AEG-Gleichstrommotor Type EG 20, 220 Volt, 1300 n, 2 PS, 8,7 Amp. soll auf 1700 n umgewickelt werden.

Vorgefundene Daten: Anker 33 Nuten, je Nute 48 Drähte, Draht 1,15 mm ⌀, Kollektor = 99 Lamellen, Kollektorschritt 1 — 50.

1. Das Verhältnis der Drehzahlen zueinander ist:

$$\frac{1300}{1700} = 0{,}7647$$

48 Leiter mal 0,7647 = rund 36,7, rund 36 Leiter / Nute.

2. Der Querschnitt des Ankerleiters ist rund 1 mm^2. Wenn wir denselben durch die Verhältniszahl 0,7647 teilen, so erhalten wir den Querschnitt.

$$1 : 0{,}7647 = 1{,}30\ mm^2,$$

der einem Durchmesser von etwa 1,3 mm^2 entspricht. Die Leistung des auf ca. 1700 n umgewickelten Motors beträgt demnach:

$$2\ PS : 0{,}7647 = 2{,}61\ PS.$$

II. Die Umwicklung des Magnetfeldes

Bei Umwicklungen für höhere Spannungen ist in der Regel auch die Magnetwicklung zu erneuern. Die Feldampere-Windungszahl (Windungszahl mal Ampere) einer Magnetspule, sofern diese denselben Wert behält, ist insbesondere die Wahl des Querschnittes (nicht Durchmesser) des Magnetdrahtes von wesentlicher Bedeutung. Ist nämlich der Querschnitt des Magnetdrahtes richtig festgelegt, so genügt es in der Regel, den einzelnen Spulen dasselbe Kupfergewicht zu geben, welches die vorgefundenen Originalspulen aufweisen, um die ursprüngliche AW zu erhalten. Wenn man außerdem noch darauf achtet, daß die Spulen bei der Umwicklung auch die ursprünglichen Abmessungen erhalten, so kommt man im allgemeinen mit dem richtigen Drahtquerschnitt und dem Kupfergewicht schon zum Ziel. Indessen ist es empfehlenswert, bei der Umrechnung der Magnetwicklung von dem Drahtquerschnitt, von der totalen Windungszahl einer Spule und von der mittleren Windungslänge (in Metern) auszugehen.

Beispiel: 1 PS Gleichstrommotor 220 Volt, 1900 n, 4,6 Amp.

Magnetwicklung: Je Spule 5750 Windungen, Draht 0,42 mm ∅ = ca. 0,1384 mm² Querschnitt mittl. Windungslänge einer Spule = 0,44 m. Die Magnetwicklung soll für 440 Volt umgewickelt werden.

Berechnung des Drahtquerschnittes:

Der Drahtquerschnitt ändert sich im Verhältnis der Spannungen 440:220 zueinander, also auf die Hälfte (440 : 220 = 2). Derselbe betrug bei 220 Volt = 0,1384, muß also für 440 Volt 0,1384 : 2 = 0,0692 mm² betragen. Die Windungszahl je Spule erhöht sich im Verhältnis der Spannungen 440 : 220 Volt zueinander, nämlich auf den doppelten des bisherigen Wertes von 5750, also auf

11500 Windungen/Spule.

Werden die Magnetspulen so sorgfältig gewickelt, daß die Abmessungen dieselben bleiben wie vorher, so ist auch die mittlere Windungslänge und somit die AW einer Spule unverändert.

Beispiel: Der Ohmsche Widerstand einer Magnetspule errechnet sich nach der Formel:

$$\frac{l \cdot w \cdot 0{,}02}{q}$$

l = mittlere Länge einer Windung; w = Anz. der Windungen einer Spule; 0,02 = Leitfähigkeit des Kupfers; q = Drahtquerschnitt.

Dann ist der Ohmsche Widerstand einer Spule bei 220 Volt:

$$\frac{0{,}44 \cdot 5750 \cdot 0{,}02}{0{,}1384} = \text{ca. } 365{,}6 \text{ Ohm.}$$

Der Widerstand beider Spulen also = ca. 731,2 Ohm. Nach dem Ohmschen Gesetz ist der Strom I = Spannung / Widerstand.

Der Magnetstrom der Feldwicklung ist demnach bei 220 Volt:

$$I = \frac{220}{731{,}2} = \text{ca. } 0{,}3 \text{ Amp.}$$

und die AW einer Spule (Produkt aus Amp. mal Windungszahl):

5750 . 0,3 = 1725 AW / Spule.

Bei 440 Volt beträgt der Ohmsche Widerstand einer Magnetspule:

$$\frac{0{,}44 \cdot 11\,500 \cdot 0{,}02}{0{,}0692} = 1462{,}4 \text{ Ohm.}$$

Der Widerstand beider Spulen also = 2924,8 Ohm. Der Magnetstrom der Feldwicklung ist demnach bei 440 Volt:

440 : 2924,8 = ca. 0,15 Ampere

und die AW einer Magnetspule:

11 500 . 0,15 = 1725 AW / Spule.

Die sogenannte „Feldstärke“ ist also bei doppelter Windungszahl und 1/2 Drahtquerschnitt dieselbe geblieben (siehe Raskop „Berechnungsbuch des Ankerwicklers“, 7. Auflage, S. 138 — 142).

Aufgabe Nr. 14 a:

Der AEG-Gleichstrommotor Type EG 20, 2 PS, 300 Volt, 1350 n, 11,85 Amp. hat folgende Daten:

Anker: 33 Nuten, 99 Teilspulen = 99 Lamellen, je Nute 33 Drähte, Draht 0,9 mm ⌀, Kollektorschritt 1 — 50, Wickelschritt 1 — 9. Dieser Motor soll für eine Ankerdrehzahl von 1800 n umgewickelt werden.

Fragen:

a) Welche Wickeldaten erhält der Anker?

b) Welche Leistung kann der umgewickelte Motor abgeben?

c) Welchen Strom nimmt der Motor bei voller Ausnutzung nach der Umwicklung auf?

Aufgabe Nr. 15 a:

Ein 4-poliger Gleichstrom-Nebenschlußmotor 27 PS, 125 Volt, 800 n, 179 Amp. hat folgende Daten:

Anker: 89 Nuten, Parallelwicklung, Kollektorschritt 1 : 2, je Nute 4 Leiter, je Leiter 2 parallele Drähte von 3 mm ⌀ (8 Drähte je Nute), Zahl der Kollektorlamellen 89.

Magnetfeld: 4 Spulen in Serie, je Spule 2000 Windungen, Draht 1,3 mm ⌀, mittlere Länge einer Windung = 0,82 m.

Dieser Motor soll für eine Spannung von 250 Volt, bei gleicher Leistung und Drehzahl gewickelt werden.

Fragen:

a) Welche Wicklungsart muß der Anker erhalten?

b) Wieviel parallele Stromzweige hat die vorgefundene Ankerwicklung?

c) Wieviel parallele Stromzweige muß die Ankerwicklung bei 250 Volt erhalten, wenn die Leiterzahl je Nute und Leiterquerschnitt unverändert beibehalten werden soll?

d) Welchen Kollektorschritt erhält im Falle zu -c- die neue Ankerwicklung?

e) Welchen Ohmschen Widerstand hat eine Magnetspule bei 125 Volt?

f) Wieviel AW (Amperewindungen) hat eine Magnetspule bei 125 Volt?

g) Welche Wickeldaten erhalten die Magnetspulen bei 250 Volt (Windungszahl und Drahtdurchmesser)?

h) Wie groß ist der Nebenschlußstrom bei 250 Volt?

Aufgabe Nr. 16a:

Ein Gleichstrom-Nebenschlußmotor (älteren Baujahres) 10 PS, 500 Volt, 950 n, 17 Amp. (offene Ausführung) 4-polig, hat folgende Daten:

Anker: Reihenwicklung, 4-polig, 47 Nuten, 141 Teilspulen = 141 Kollektorlamellen, je Nute 24 Leiter, Draht 1,45 mm ϕ.

Magnetfeld: 4 Spulen in Serie, je Spule 5000 Windungen, Draht 0,6 mm ϕ, mittlere Länge einer Windung = 0,68 m.

Dieser Motor soll eine Hauptstromwicklung mit gleicher AW wie die Nebenschlußwicklung erhalten.

Fragen:

a) Welcher Nebenschlußstrom tritt bei 500 Volt auf?

b) Wieviel AW hat eine Magnetspule bei 500 Volt?

c) Wieviel Windungen muß eine Hauptschluß-Magnetspule erhalten, wenn bei Nennlast in der Hauptschlußwicklung 17 Amp. fließen und die AW den unter -b- errechneten Wert haben sollen?

d) Welchen Drahtquerschnitt muß die Hauptschluß-Magnetwicklung erhalten?

Aufgabe Nr. 17a:

Beantworte die mündlichen Fragen Nr. 56, 57, 58, 59, 60, 32, 33.

Lösungen der schriftlichen Aufgaben aus Folge II

Zur Aufgabe Nr. 7a:

a) 1 : 2 wie bisher

b) 4,5 : 2 = 2,25 Amp., da 2 parallele Ankerzweige

c) derselbe = 2,25 Amp.

d) 0,9 mm ϕ = 0,6361 mm² Querschnitt $\frac{2{,}25 \text{ Amp.}}{0{,}6361} = 3{,}53$ Amp./mm²

e) zu 2 parallel.

Zur Aufgabe Nr. 8a:

a) 1 : 3

b) die doppelte wie bisher, also 2 PS

c) den doppelten Strom = 9 Amp.

d) bleiben unverändert

e) derselbe muß verstärkt oder es muß eine andere Qualität verwendet werden (siehe „Berechnungsbuch“, Seite 133).

Zur Aufgabe Nr. 9a:

a) 1 : 3

b) zu 2 parallel

c) genau derselbe wie bei 220 Volt

d) genau wie bei 220 Volt

e) wie bei 220 Volt, also 1 PS.

Zur Aufgabe Nr. 10 a:

a) eine Reihenwicklung
b) 2 parallele Stromzweige
c) 12,3 : 2 = 6,15 Amp.
d) Anker unverändert, Magnetspulen zu 2 parallel
e) $^1/_2$ der früheren = ca. 1,5 PS.

Zur Aufgabe Nr. 11 a:

a) Entweder eine 4-polige Parallelwicklung oder eine Reihen-Parallelwicklung mit vier parallelen Stromzweigen,
b) eine Teilspule wird „blind“ gelegt und eine Lamelle ausgeschaltet. Der Kollektorschritt wird alsdann:

$$\frac{98-2}{2} = 48, \text{ also } 1-49.$$

c) die doppelte der bisherigen, also etwa 6 PS
d) = 24,6 Amp.
e) muß verstärkt werden
f) in beiden Fällen ist damit zu rechnen, daß infolge Fehlens von Ausgleichverbindungen Funkenbildung am Kollektor auftritt.

Zur Aufgabe Nr. 12 a:

a) Ja
b) 2 parallele Stromzweige
c) $\frac{121-1}{3} = 40$, also 1 — 41 ergibt Reihenwicklung mit 2 parallelen Stromzweigen.

Folge IV

Gleichstrom-Ankerwicklungen

I. **Ausgleichverbindungen:**

Es wurde schon in Folge II erwähnt, daß sowohl mehrpolige Schleifen-(Parallel-) Wicklungen als auch Reihenparallel-Wicklungen und mehrgängige Schleifenwicklungen zu Funkenbildungen am Kollektor neigen, wenn diese Wicklungen keine

A u s g l e i c h - V e r b i n d u n g e n

erhalten. Die Herstellung solcher Ausgleichverbindungen liegt im Aufgabengebiet des selbständigen Elektromaschinenbauermeisters. Deshalb muß er wissen, welche Voraussetzungen für die Anbringung derselben erfüllt sein müssen, wie der Ausgleichschritt errechnet wird und welchen Querschnitt die Leitungen haben müssen.

1. **Bei Schleifen- (Parallel-) Wicklungen:** wenn

$$\frac{\text{Lamellenzahl}}{\text{Zahl der Teilspulen je Nute . halbe Polzahl}} = \text{ganze Zahl}$$

ist, so lassen sich Ausgleichverbindungen anbringen. Der Ausgleichschritt ergibt sich aus:

$$\text{Ausgleichschritt} = \frac{\text{Lamellenzahl}}{\text{halbe Polzahl.}}$$

Die Zahl der Ausgleichverbindungen:

Es ist in der Regel nicht erforderlich, daß alle Lamellen eine Ausgleichverbindung erhalten. Vielmehr genügt es schon, wenn ein Teil der Lamellen mit Ausgleichverbindungen versehen wird. Gewöhnlich wählt man bei 4-poligen Maschinen mit 4 parallelen Stromzweigen jede 2., 4. oder 6. Lamelle. Bei 6-poligen Maschinen jede 3., 6. oder 9. Lamelle.

Der Querschnitt der Ausgleichverbindungen:

Dieser kann geringer sein als der Leiterquerschnitt der Ankerwicklung, weil die etwa auftretenden Ausgleichströme geringer sind als die in einem Ankerleiter fließenden Ströme.

Beispiel: Ein 4-poliger Gleichstrommotor 110 Volt, 5 PS, 42 Ankernuten, 42 Lamellen, Drahtdurchmesser eines Ankerleiters = 1,6 mm ϕ, soll Ausgleichverbindungen erhalten.

Probe auf Ausführbarkeit: $\frac{42}{2} = 21$ (ganze Zahl)

Ausgleichschritt: $\frac{42}{2} = 21$ (also 1 — 22)

Anzahl der Ausgleichverbindungen = 21 (jede 2. Lamelle)
Drahtdurchmesser = etwa 1,0 mm ϕ.

2. **Reihenparallel-Wicklungen:**

Bei dieser Wicklungsart ist die Anbringung von Ausgleichverbindungen wesentlich komplizierter. Generell kann gesagt werden, daß die Voraussetzungen für die Ausführbarkeit sehr selten gegeben sind. Wenn man z. B. eine vorgefundene Reihenwicklung zum Zweck der Umschaltung für eine niedrigere Spannung (z. B. von 440 auf 220 Volt) in eine Reihenparallelwicklung umändern will, so soll man vorher prüfen, ob Ausgleichverbindungen angebracht werden können. Verabsäumt man diese Vorprüfung, so können sehr unliebsame Überraschungen nach der Umschaltung auftreten.

Die beiden wichtigsten Vorbedingungen, die erfüllt werden müssen, um Ausgleichverbindungen an dieser Wicklungsart anzubringen, sind folgende:

a) $\frac{\text{halbe Polzahl}}{\text{halbe Zahl der parallelen Stromzweige}} = \text{ganze Zahl}$

b) $\frac{L}{S \,.\, a} = \text{ganze Zahl}$

L = Lamellenzahl, S = Anzahl der Teilspulen nebeneinander in der Nute, a = halbe Zahl der parallelen Stromzweige.

Beispiel: Polzahl = 8 (halbe Polzahl = 4)
Lamellenzahl = 146
a = 2 S = 1

Probe: a) $\frac{4}{2} =$ (ganze Zahl)

b) $\frac{146}{1 \cdot 2} = 73$ (ganze Zahl)

3. **Mehrgängige Schleifenwicklung:**

Diese findet man nur selten, und zwar bei Niederspannungsmaschinen. Es handelt sich gewöhnlich um sogenannte zweigängige Schleifenwicklungen mit Kollektorschritt 1 : 3. Der Ausgleichschritt muß bei solchen Wicklungen ungerade sein. In allen anderen, möglicherweise vorkommenden Fällen handelt es sich um Arbeiten, die über den Rahmen der dem Meister zufallenden Aufgaben hinausgehen. **Beispiel:** Der Anker einer 4-poligen Niederspannungsdynamo hat 18 Nuten, 18 Lamellen, Kollektorschritt 1 : 3. Dann ist der Ausgleichschritt:

$$\frac{\text{Lamellenzahl}}{\text{halbe Polzahl}} = \frac{18}{2} = 9 \text{ (ungerade)}$$

(siehe Raskop „Katechismus", 12. Auflage)

II. **Künstlich geschlossene Reihenwicklungen** (siehe Berechnungsbuch):

Die künstlich geschlossene Reihenwicklung findet man mehr oder weniger bei 4-poligen Maschinen vor. Ihr Vorkommen ist und bleibt indessen selten. Der Kollektorschritt ergibt sich hierbei (d. h. nur für 4-polige Maschinen) aus:

$$\frac{\text{Lamellenzahl} - 2}{\text{halbe Polzahl}}$$

Sind mehr Lamellen als Teilspulen vorhanden, so ist hierauf besonders zu achten. Bei der Berechnung des Kollektorschrittes bleibt die überzählige Lamelle unberücksichtigt.

Aufgaben:

Aufgabe Nr. 18a:

Ein zur Neuwicklung eingelieferter 4-poliger Gleichstromanker 220 Volt mit Schleifenwicklung, Kollektorschritt 1 :2 besitzt keine Ausgleichverbindungen und soll, da derselbe bisher mit starker Funkenbildung am Kollektor arbeitet, mit Ausgleichverbindungen ausgerüstet werden.

Daten: Nutenzahl = 40
Lamellenzahl = 80
a = 2
S = 2
Ankerdrahtdurchmesser = 2,4 mm ∅

Fragen:

a) können Ausgleichverbindungen angebracht werden?
b) welchen Schritt erhalten die Ausgleichverbindungen?
c) wieviel Verbindungen sollen angebracht werden?
d) welchen Querschnitt sollen die Verbindungen erhalten?

Aufgabe Nr. 19a:

Eine Gleichstrom-Dynamo 125 kW, 500 Volt, 220 Amp. soll für 250 Volt umgeschaltet werden. Die vorgefundenen Daten lauten:

Polzahl = 8
Lamellenzahl = 273
Nutenzahl = 91
Stabzahl je Nute = 6
Stabquerschnitt = 30 mm^2
Wickelschritt = 1 : 15
Kollektorschritt = 1 — 69

Fragen:

a) was hat der Anker für eine Wicklung?
b) wieviel parallele Stromzweige hat die Wicklung?
c) wie hoch ist die spezifische Strombelastung je mm^2 im Ankerleiter?
d) läßt sich der Anker für 250 Volt umschalten?
e) wenn ja, welche Wicklungsart soll der Anker für 250 Volt erhalten?
f) wieviel parallele Ankerstromzweige muß die Wicklung bei 250 Volt erhalten?
g) was muß geschehen, um eine Reihen-Parallelwicklung mit 4 parallelen Stromzweigen u. Ausgleichverbindungen herstellen zu können?
h) welchen Schritt sollen die Ausgleichverbindungen erhalten?
i) welchen Querschnitt oder Durchmesser sollen die Ausgleichverbinverbindungen erhalten?
j) wieviel Ausgleichverbindungen sollen hergestellt werden?

Aufgabe Nr. 20 a:

Eine Niederspannungsdynamo 6 Volt, 700 Amp. zeigt erhebliche Funkenbildung am Kollektor. Die Maschine kommt dieserhalb zur Reparatur. Die vorgefundenen Daten sind folgende:

Anker: 4-polig, Wickelschritt 1: 11, Nutenzahl = 48, Durchmesser des Ankerdrahtes = 5 mm ∅, Lamellenzahl = 48.

Fragen:

a) wieviel parallele Stromzweige bzw. welchen Kollektorschritt muß die Ankerwicklung erhalten, damit die 700 Amp. unter Einhaltung der zulässigen Erwärmung abgegeben werden können?

b) wie groß ist hierbei die spez. Strombelastung in einem Ankerleiter?

c) können Ausgleichverbindungen angebracht werden?

d) wenn ja, welchen Schritt erhalten diese?

e) wieviel Verbindungen sollen hergestellt werden?

f) welchen Querschnitt oder Drahtdurchmesser sollen die Verbindungen erhalten?

Aufgabe Nr. 21 a:

Dieselbe Maschine soll für 12 Volt, 350 Amp. bei gleichbleibender Drehzahl des Ankers verwendet werden.

Fragen:

a) welche Leistung hat die Maschine in diesem Falle?

b) läßt sich der Anker umschalten?

c) wenn ja, welcher Strom fließt dann bei Nennlast in einem Ankerleiter?

d) was muß mit den Magnetspulen geschehen?

Aufgabe Nr. 22 a:

Ein 4-poliger Gleichstromanker mit 45 Nuten, 180 Teilspulen und 181 Lamellen soll eine künstlich geschlossene Reihenwicklung erhalten.

Fragen:

a) welcher Kollektorschritt muß gewählt werden?

b) zwischen welchen Lamellenn wird der künstliche Schluß der Reihenwicklung herbeigeführt? (siehe Berechnungsbuch Seite 118).

Lösungen der schriftlichen Aufgaben aus Folge III

Zur Aufgabe Nr. 14 a:

a) Unter Beibehalt der Reihenwicklung beträgt die Leiterzahl je Nute

$$\text{bei } 1800\ n = \frac{1350}{1800} \cdot 33 = 24{,}75 \text{ rund } 24 \text{ Leiter/Nute}$$

Drahtstärke = 1,05 — 1,1 mm ∅ (0,6361 : 0,75 = 85 mm²)

Wickel- und Kollektorschritt wie bisher.

b) Die Leistungsabgabe bei 1800 n beträgt ca. 2 : 0,75 = 2,66 PS
c) Die Stromaufnahme bei Nennlast beträgt etwa 11,85 : 0,75 = ca. 15,8 Amp.

Zur Aufgabe Nr. 15a:

a) **Reihenwicklung**
b) 4 parallele Stromzweige
c) 2 parallele Stromzweige
d) der Kollektorschritt ist $\frac{89 - 1}{2}$ = **44 (1 — 45)**
e) 24,8 Ohm
f) 2520 AW/Spule
g) 4000 Windungen, Draht 0,9 mm ∅
h) 0,63 Amp.

Zur Aufgabe Nr. 16a:

a) 0,44 Amp.
b) rund 2600 AW
c) 153 Windungen
d) 2,7 mm ∅

Anmerkung: Bei Aufgabe 14a kann die Angabe der Leiterzahl je Nute (33) irreführen. Die Zahl der Leiter je Nute muß durch 6 teilbar sein, weil 6 Teilspulen in einer Nute liegen. Aus diesem Grunde muß die Zahl 24,75 (bei 1800 n) auf 24 abgerundet werden.

Folge V

Gleichstrom-Ankerwicklungen

I. Der Wickelschritt (Nutenschritt):

Unter Wickelschritt versteht man in der Praxis den Nutenschritt, d. h. den Nutenabstand von der einen zur anderen Spulenseite gerechnet. In der Regel ist der Wickelschritt annähernd gleich der Polteilung. Überschläglich läßt sich der Wickelschritt feststellen, wenn man die Nutenzahl durch die Polzahl teilt und das Ergebnis nach unten abrundet.

Beispiel:

a) Ein 4-poliger Anker mit Reihenwicklung und 33 Nuten hat einen Wickelschritt von 33 : 4 = 8,2 nach unten abgerundet, also Nute 1 — 9.
b) Ein 4-poliger Anker mit Reihenwicklung und 47 Nuten hat einen Wickelschritt von 47 : 4 = 11,7, nach unten abgerundet 11, also 1 — 12.
c) Ein 4-poliger Anker mit Reihenwicklung hat 31 Nuten. Dann ist

der überschlägliche Wickelschritt = 31 : 4 = 7,7, nach unten abgerundet 7, also 1 — 8.

Indessen reicht diese Methode nicht für alle Fälle aus. Da bei der Instandsetzung und Neuwicklung elektrischer Maschinen die Nutenzahl und alle sonstigen Einzelheiten bereits vom Erbauer der Maschine technisch richtig festgelegt sind, überdies aber auch der Wickelschritt in den weitaus meisten Fällen an dem instandzusetzenden Anker zu erkennen ist, so hat die Berechnungsmethode für den Meister nur eine bedingte Bedeutung. Es soll ja nicht Sache des Handwerksmeisters sein, den Berechnungsingenieur zu ersetzen. Vielmehr soll das Schwergewicht seines Könnens auf handwerklichem Gebiet liegen.

Liegen im Einzelfall hinsichtlich Richtigkeit des Wickelschrittes Zweifel vor, so ist zweckmäßig ein Fachingenieur zu Rate zu ziehen. Im Zusammenhang hiermit wird auf das diesbezügliche Kapitel in dem „Katechismus für die Ankerwickelei“ hingewiesen.

II. **Die Lamellenspannung:**

Bekanntlich hängt der funkenfreie Lauf einer Gleichstrommaschine u. a. auch von der Größe der zwischen zwei Lamellen auftretenden Spannung, der sogenannten Lamellenspannung ab. Bei Nebenschlußmaschinen ohne Wendepole beträgt der Grenzwert der Lamellenspannung ca. 16 Volt. Bei Nebenschlußmaschinen mit Wendepolwicklung liegt der zulässige Grenzwert um 23 Volt. Handelt es sich in der Praxis um die Umwicklung auf eine höhere als die ursprüngliche Spannung, so muß vorsorglich v o r Beginn der Arbeiten die Höhe der zu erwartenden Lamellenspannung nach folgender Formel berechnet werden:

$$\text{Polzahl} \cdot \frac{\text{Betriebsspannung}}{\text{Lamellenzahl}} = \text{Lamellenspannung}$$

Beispiel: Ein 4-poliger Gleichstromanker mit 33 Nuten und 99 Lamellen, Betriebsspannung 220 Volt hat folgende Lamellenspannung:

$$4 \cdot \frac{220}{99} = \text{ca. } 8{,}8 \text{ Volt.}$$

Selbst ohne Wendepolwicklung ist hierbei also ein praktisch funkenfreier Lauf zu erwarten. Würde man den Anker für die gleiche Drehzahl, aber für 440 Volt umwickeln — ohne den Kollektor mit höherer Lamellenzahl zu versehen —, so wäre eine Lamellenspannung von

$$4 \cdot \frac{440}{99} = 17{,}6 \text{ Volt}$$

zu erwarten. Dieser Wert liegt über dem zulässigen Grenzwert, und deshalb wird man von einer derartigen Umwicklung vorsorglich Abstand nehmen oder einen Kollektor mit 131 Lamellen verwenden.

III. **Der Bürstenquerschnitt und das Material:**

Auch der richtige Bürstenquerschnitt und die Wahl des geeigneten Bürstenmaterials ist für den einwandfreien Lauf einer Gleichstrommaschine von Bedeutung, u. U. sogar von ausschlaggebender Bedeutung. Bei Umwicklungen von Gleichstrommaschinen für andere Spannungen ist vor Beginn der Arbeiten zu bedenken, daß bei gleicher Drehzahl und Leistungsabgabe der Ankerstrom ansteigt, wenn die Spannung herabgesetzt, z. B. die Maschine von 440 auf 110 Volt umgewickelt wird. Wird die Spannung erhöht, dann fällt auch bei gleicher Leistungsabgabe der Strom herab. Im ersteren Falle kommt daher eine Verstärkung des Bürstenquerschnittes in Betracht. Im zweiten Falle kann man u. U. eine Bürste entfernen oder eine Qualität mit geringerer Leitfähigkeit wählen. Bei Drehzahlerhöhungen ist daran zu denken, daß die Umfangsgeschwindigkeit des Kollektors größer wird und somit auch bei gleicher Bürstenzahl die Reibung zwischen Bürsten und Kollektor erhöht wird. In allen diesen Fällen ist es wichtig, neben der richtigen Bemessung des Bürstenquerschnittes auch die geeignete Qualität zu wählen.

Die Bemessung der Kohlebürsten hängt von der Leitfähigkeit des Bürstenmaterials ab. Weiche Kohlen (graphithaltig) kann man etwa mit 8 — 10 Amp./cm², mittelharte mit 5 — 7 Amp./cm² und harte Bürsten mit etwa 3 — 4 Amp./cm² belasten. Bronce- und Kupferkohlen lassen eine weitaus höhere Belastung von ca. 20 Amp./cm² zu. Metallbürsten kann man sogar mit etwa 30 Amp./cm² belasten. Allgemein betrachtet, erhalten Maschinen für Spannungen von 440 — 500 Volt harte Bürsten, solche für 220 Volt mittelharte und für 110 Volt und darunter weiche Kohlebürsten. Kupferkohle- und Bronzekohlebürsten scheiden für normale Gleichstrommaschinen aus. Diese kommen hauptsächlich für Drehstrom-Schleifringanker-Motoren usw. in Betracht. Es ist empfehlenswert, sich bei der Wahl der Bürstenqualität die speziellen Erfahrungen leistungsfähiger Kohlebürsten-Fabriken zu Nutzen zu machen, d. h. unter Angabe näherer Einzelheiten bei diesen Stellen die geeignete Qualität zu erfragen.

Aufgaben:

Aufgabe Nr. 23a: An einem 35 PS Nebenschlußmotor älterer Bauart mit folgenden Daten:

Leistung = 35 PS, Spannung = 220 Volt, Drehzahl = 950 n, Polzahl = 4, Ampere = 129, Bürstenzahl = 16, Bürstenquerschnitt = 10 . 25 mm, Nutenzahl im Anker = 71, Lamellenzahl = 142, Leiter je Nute = 8, Kollektorschritt = 1 : 2, Leiterquerschnitt = 1,3 . 9 mm, Wickelschritt = 1 — 18,

Magnetspulen: je Spule 4100 Windungen, Draht 1,1 mm ⌀, Länge einer Windung = 0,8 m sollen zur Schlußübung folgende Kontrollberechnungen und Betrachtungen angestellt werden.

Fragen:

a) Welche Wicklungsart besitzt der Anker?
b) Wieviel parallele Stromzweige hat die Ankerwicklung?
c) Welcher Strom fließt in einem Ankerleiter?
d) Wie hoch ist die spezifische Strombelastung eines Ankerleiters?
e) Wie hoch ist die Strombelastung einer Bürste in cm^2?
f) Welche Lamellenspannung tritt auf?
g) Können Ausgleichverbindungen angebracht werden?
   Wenn ja, welcher Schritt, welche Anzahl und welcher Querschnitt oder Durchmesser kommt in Frage?
h) Wie hoch ist der Nebenschlußstrom?
i) Wieviel AW hat eine Nebenschlußspule?

Anmerkung: Der Motor ist um das Jahr 1910 erbaut worden.

Aufgabe Nr. 24 a: Derselbe Motor soll eine Compoundwicklung*) erhalten. Die AW einer Hauptschlußspule soll 10 % der AW einer Nebenschlußspule bei Nennlast aufbringen.

Fragen:

a) Wieviel Windungen muß eine Hauptschlußspule erhalten?
b) Welchen Querschnitt muß das Wicklungskupfer für die Compoundwicklung erhalten, wenn eine Strombelastung von 2,5 Amp./mm^2 zugelassen ist?

Aufgabe Nr. 25 a: Derselbe Motor nach Aufgabe Nr. 23 a soll für eine Spannung von 110 Volt bei gleicher Leistung und Drehzahl umgewickelt werden.

Fragen:

a) Was geschieht mit den Magnetspulen?
b) Welche Wickeldaten erhält der Anker?
c) Welche Lamellenspannung tritt bei 110 Volt auf?
d) Was geschieht mit den Bürsten?

Aufgabe Nr. 26 a: Derselbe Motor soll auf 440 Volt umgewickelt werden.

Fragen:

a) Welche Wickeldaten erhalten die Magnetspulen?
b) Welche Wickeldaten erhält der Anker, wenn die vorgefundene Wicklungsart beibehalten wird?
c) Welche Lamellenspannung tritt bei 440 Volt auf?
d) Was geschieht mit den Bürsten?

Hiermit ist das Gebiet „Gleichstrommaschinen“ abgeschlossen. Es wird empfohlen, die in Folgen I — IV gestellten Aufgaben nochmals gründ-

---

*) Neue Bezeichnung: Hauptschlußwickl. (Doppelschluß-Magnetwickl.).

lich nachzurechnen, insbesondere aber auch den mündlichen Fragen großes Interesse zu schenken.

Lösungen der schriftlichen Aufgaben aus Folge IV:

Zur Aufgabe Nr. 18 a:

a) ja b) 1 — 41 c) jede 2. Lamelle

d) Der Querschnitt kann nur geschätzt werden, da die Größe der Ausgleichströme von unbestimmbaren Faktoren abhängig ist. Ein Drahtdurchmesser von ca. 1,5 — 1,7 mm ϕ wird für ausreichend erachtet.

Zur Aufgabe Nr. 19 a:

a) Reihenwicklung

b) 2 parallele Stromzweige

c) 220 : 2 = 110 Amp. fließen in einem Leiter. Dann ist die spezifische Strombelastung 110 : 30 = 3,66 Amp./mm^2

d) ja

e) Reihenparallelwicklung

f) 4 parallele Stromzweige

g) es müssen 3 Teilspulen blind gelegt und 3 Lamellen ausgeschaltet werden

h) 270 : 2 = 135, also 1 — 136

i) etwa einhalb des Stabquerschnittes, also etwa 15 mm^2, notfalls auch geringer

j) jede 4. Lamelle.

Zur Aufgabe Nr. 20 a:

a) 8 parallele Stromzweige, Kollektorschritt 1 : 3, denn 700 : 8 = 87,5 Amp. je Zweig, Drahtdurchmesser 5 mm = 19,635 mm^2

b) die spez. Strombelastung ist dann 87,5 : 19,635 = ca. 4,45 Amp./mm^2

c) ja, denn a = 4, S = 1, demnach $\frac{48}{1 \cdot 2} = 24$

d) 48 : 2 = 24, also 1 — 25

e) jede 2. Lamelle, also 24 Verbindungen

f) ca. 3 mm ϕ, (wie Platz vorhanden).

Zur Aufgabe Nr. 21 a:

a) Dieselbe Leistung wie bisher, die Spannung wird verdoppelt, der Strom auf einhalb herabgesetzt, Strom mal Spannung bleibt also unverändert

b) ja

c) derselbe wie bisher, nämlich 350 : 4 = 87,5 Amp., weil jetzt vier parallele Stromzweige, Kollektorschritt 1 : 2

d) muß für 12 Volt umgewickelt werden.

Zur Aufgabe Nr. 22 a:

a) $\frac{180 - 2}{2} = 89$ (1 — 90)

b) die Schaltverbindung reicht von Lamelle 0 — 180.

Folgen VI

Drehstrom (Dreiphasenstrom)

A. Drehstrom-Motoren — Allgemeines

Bei den Drehstrom- (Dreiphasenstrom-) Motoren spielt der sogenannte

Asynchrom-Motor

die bevorzugte Rolle. Im Gegensatz zu einem Gleichstrom-Nebenschlußmotor, wo sowohl der Anker als auch das Magnetfeld an die Netzspannung gelegt werden, erhält beim Drehstrom-Asynchronmotor entweder nur der Läufer oder nur der Ständer die Netzspannung zugeführt. Der aus dem Netz gespeiste Teil (in der Regel der Ständer) steht mit dem anderen Teil (in der Regel der Läufer) elektrisch nicht direkt in Verbindung. Der primäre Teil (in der Regel der Ständer) induziert vielmehr in dem sekundären Teil (in der Regel der Läufer) eine EMK. Die Drehzahl des Asynchronmotors ist zwischen Leerlauf und Nennlast schwankend im Gegensatz zu dem Verhalten des Drehstrom-Synchronmotors, der zwischen Leerlauf und Nennlast eine gleichbleibende (konstante) Drehzahl beibehält.

Man spricht daher von einem Drehstrom-Asynchron-Induktionsmotor z. B. mit Schleifringläufer oder mit Käfigläufer, wenn es sich um den alltäglich vorkommenden Drehstrommotor handelt.

Der Asynchronmotor erhält seine Erregung aus dem Wechselstromnetz. Im Gegensatz hierzu hat der Drehstrom-Synchronmotor Gleichstrom-Erregung, die in der Regel durch eine direkt angebaute oder auch separat angeordnete Gleichstrom-Dynamo erzeugt wird. Der Drehstrom-Synchronmotor kann ohne jede Veränderung auch als Drehstrom-Generator verwendet werden. Man spricht in diesem Falle von einem Drehstrom-Synchron-Generator. Auch der Drehstrom-Asynchronmotor und zwar sowohl mit Schleifringläufer als auch mit Käfigläufer kann ohne jede Veränderung als Drehstrom-Generator verwendet werden, unter der Voraussetzung, daß derselbe an eine bereits vorhandene Drehstromquelle angeschlossen und übersynchron angetrieben wird. Man spricht in diesem Falle von einem

Drehstrom-Asynchron-Generator.

Außer dem Drehstrom-Asynchroninduktionsmotor mit Schleifring- oder Käfigläufer gibt es auch noch Drehstrom-Kollektormotoren, und zwar sowohl mit Nebenschluß- als auch mit Hauptschlußcharakter. Diese finden da Verwendung, wo eine verlustlose und stufenfreie Drehzahlregulierung gefordert wird. Eine verlustlose Drehzahlregulierung ist beim normalen Asynchronmotor nur durch Polumschaltung möglich. Diese Drehzahlregulierung ist jedoch nicht stufenlos.

B. Der Drehstrom-Asynchronmotor

1. Drehzahl:

Die Drehzahl dieses Motors ist abhängig von der Polzahl und der Netzfrequenz. Die normale Netzfrequenz ist 50 Perioden (Hertz). Die Drehzahl ergibt sich nach folgender Formel:

$$\text{Drehzahl} = \frac{\text{Frequenz} \cdot 60}{\text{halbe Polzahl}}$$

Die sogenannte theoretische (synchrone) Drehzahl eines 4-poligen Drehstrommotors 50 Hz ist demnach:

$$\frac{50 \cdot 60}{2} = 1500 \text{ n/Min.}$$

Diese Drehzahl tritt bei einem Asynchronmotor nur bei Leerlauf ein. Bei Belastung fällt die Drehzahl des Läufers auf die sogenannte Nenndrehzahl (synchrone Drehzahl). Die Differenz zwischen Leerlauf- und Nennlastdrehzahl bezeichnet man mit „Schlupf". Im Stillstand ist die Frequenz im Läufer gleich der Netzfrequenz, d. h. gleich der Frequenz der zugeführten Ständerspannung. Bei synchronem Lauf ist die Läuferfrequenz = 0 und bei Lastdrehzahl spricht man von einer Schlupffrequenz im Läufer. Beträgt der Drehzahlschlupf bei Nennlast der synchronen Drehzahl = 10 %, so beträgt auch die Läuferfrequenz ca. 10 % der Netzfrequenz.

Wenn die Polzahl des Motors und die Netzfrequenz bekannt ist, kann man also die Drehzahl des Läufers rechnerisch ermitteln, wie in obiger Formel angegeben. Man kann die Polzahl eines Drehstrommotors an dem Schritt und vielfach auch an der Zahl der Wicklungselemente erkennen. Liegt eine normale Einschicht-Zweiebenen-Gruppenwicklung vor, so erhält man die Polzahl, für welche der Motor gewickelt ist, aus:

Anzahl der Gruppen : 1,5 = Polzahl.

Bei 15 Gruppen ist also die Polzahl 15 : 1,5 = 10. Bei sogenannten Formspulen oder Träufelwicklungen kann man in der Regel die Polzahl aus Nutenzahl : Schrittzahl ermitteln. Ist die Schrittzahl des Wickelschrittes bei 36 Nuten = 6, so beträgt die Polzahl 36 : 6 = 6.

Aus der täglichen Praxis ist bekannt, daß z. B. ein 4-poliger Motor bei 50 Hz = 6 Spulengruppen, ein 6-poliger Motor = 9, ein 8-poliger Motor = 12 Spulengruppen usw. besitzt. Ist das Leistungsschild gemäß REM richtig ausgefüllt worden, so erkennt man die Polzahl an der Drehzahl und an der Frequenz, die auf dem Leistungsschild vermerkt sein muß. Rechnerisch ergibt sich die Polzahl aus:

$$\frac{2 \cdot (\text{Frequenz} \cdot 60)}{\text{Theoretische Drehzahl}} = \text{Polzahl,}$$

z. B. die Polzahl eines Motors beträgt bei 50 Hz und 1500 n

$$\frac{2 \,.\, (50 \,.\, 60)}{1500} = 4 \text{ Pole.}$$

2. Die Wicklungen des Asynchronmotors

Die Wicklungen des Asynchronmotors können sowohl als Handwicklungen (Einlege- und Durchzugswicklungen) als auch Formspulenwicklungen ausgeführt werden. Im Regelfall handelt es sich um Hand-Einlegewicklungen. Entsprechend der Nutenzahl einer Wicklungsgruppe spricht man von Einloch-, Zweiloch-, Vierloch- usw. Wicklungen.
Bei einem 4-poligen Ständer mit total 24 Nuten und normaler Gruppenwicklung entsteht z. B. eine sogenannte Zweiloch-Wicklung, weil jede Seite einer Wicklungsgruppe = 2 Nuten belegt. Eine besondere Wicklungsart stellt die Träufelwicklung dar, die in letzter Zeit auch in den Instandsetzungswerkstätten Eingang gefunden hat. Die Läuferstabwicklung kann sowohl als Reihen- als auch Schleifenwicklung hergestellt werden. In der Regel ist dieselbe als Reihenwicklung hergestellt. Für den Instandsetzungsfachmann ist es wichtig zu wissen, daß man gelegentlich einer Neuwicklung eine vorhandene Formspulen-Träufelwicklung nicht ohne weiteres in eine Gruppenwicklung und umgekehrt ändern kann, da u. a. die sogenannte Spulenstreuung bei beiden Wicklungen verschieden ist und eine Änderung der Wicklungsart somit auch eine Änderung der ursprünglichen elektrischen Werte des betreffenden Motors zur Folge hat. Ändert man eine Läufer-Stabwicklung in eine Drahtwicklung (Durchzugswicklung) um, so wird in der Regel das Verhältnis des effektiven Kupferquerschnittes zum Nutenquerschnitt (Nutenfüllfaktor) schlechter und die Erwärmung der Wicklung wird bei voller Belastung höher als vorher.
Diese Auswirkungen muß der Elektromaschinenbauermeister wissen, um zu verhüten, daß ein zur Neuwicklung eingelieferter Motor durch Unkenntnis eine Wicklung erhält, die den ursprünglichen Gebrauchswert des Motors herabmindert oder in Frage stellt. Die hauptsächlichsten Schaltungen der Drehstromwicklungen sind:

a) Sternschaltung, b) Dreieckschaltung, c) Stern-Parallelschaltung.

Ändert man eine Sternschaltung in eine Dreieckschaltung um, so wird die totale Leiterzahl um den 1,73-sten Teil (Wurzel aus der Zahl 3) kleiner, der Leiterquerschnitt 1,73 mal stärker. Entsprechend verhalten sich auch die Spannungen zueinander, die dem primären Teil des Motors (in der Regel dem Ständer) zugeführt werden müssen, damit die Leiterzahl in dem primären Teil mit der zugeführten Spannung jeweils richtig übereinstimmt. Ändert man eine Serie-Sternschaltung in eine Stern-Parallelschaltung um, so ändert sich die effektive Leiterzahl einer Wicklung im Verhältnis der vorgenommenen zweifach-, dreifach-, vierfach-Parallelschaltung auf 1/2, 1/3, 1/4 usw. der ursprünglichen Leiterzahl.

Beispiel: Beträgt die totale Leiterzahl einer Ständerwicklung bei 380 Volt Sternschaltung = 412, so beträgt dieselbe bei 220 Volt Dreieckschaltung 412 : 1,73 = 238 Leiter. Betrug der Leiterquerschnitt bei 380 Volt Sternschaltung 1,0 mm^2, so beträgt derselbe bei 220 Volt Dreieckschaltung 1,73 . 1 = 1,73 mm^2.

Beispiel: Beträgt die totale Leiterzahl einer 4-poligen Drehstrom-Ständerwicklung bei 380 Volt Serie-Sternschaltung (normale Sternschaltung) = 412, so beträgt dieselbe bei Parallelschaltung 1/2 von 412 = 206 (je Phase 2 Gruppen parallel).

Betrug der Leiterquerschnitt bei 380 Volt, Serie-Sternschaltung 1 mm^2, so beträgt derselbe bei einfacher Parallelschaltung (je Phase 2 Gruppen parallel) = 2 . 1 = 2 mm^2.

Bei einer 6-poligen Dreiphasen-Einschichtwicklung ist nur eine Dreifach-Parallelschaltung möglich (je Phase 3 Gruppen parallel), bei einer 8-poligen sowohl eine zweifache als auch vierfache. Man kann also durch Umschaltungen die Ständerwicklungen für andere als die ursprünglichen Netzspannungen herrichten, wie das bei Gleichstrommaschinen der Fall ist. Die Leiterzahl ändert sich in solchen Fällen in demselben Verhältnis wie sich die beiden Spannungen zueinander verhalten.

3. **Die Läuferspannung:**

Bei stillstehendem Läufer gleicht der Drehstrom-Asynchronmotor einem Transformator mit einer Primär- und einer Sekundärwicklung. Die Größe der im Läufer induzierten Spannung wird bestimmt durch die zugeführte Ständerspannung und das Verhältnis der Leiterzahlen im Ständer und Läufer zueinander. Ist z. B. das Verhältnis der Leiterzahlen im Ständer und Läufer = 1, so ist die Läuferspannung praktisch gleich der zugeführten Ständerspannung. Überwiegt die Leiterzahl im Ständer, so ist die Läuferspannung kleiner als die zugeführte Ständerspannung. Die bei Stillstand des Läufers zwischen zwei Schleifringen auftretende Spannung läßt sich praktisch genau genug errechnen aus:

$$\text{Ständerspannung} \cdot \frac{\text{Leiterzahl im Läufer}}{\text{Leiterzahl im Ständer}} = \text{Läuferspannung.}$$

Beispiel: Leiterzahl im Ständer = 412
Leiterzahl im Läufer = 412
Ständerspannung = 380 Volt

Läuferspannung: $\frac{412}{412} \cdot 380 = 380$ Volt

Beispiel: Leiterzahl im Ständer = 412
Leiterzahl im Läufer = 206
Ständerspannung = 380 Volt

Läuferspannung $= \frac{206}{412} \cdot 380 = 190$ Volt.

Bei dieser Berechnungsart ist der Spannungsverlust usw. nicht berücksichtigt. Indessen können diese Verluste im Rahmen der Abhandlungen vernachlässigt werden, weil die Ergebnisse für das Anwendungsgebiet an Genauigkeit ausreichen.

Aufgaben:

Aufgabe Nr. 27a: Beantworte die mündlichen Prüfungsaufgaben Nr. 22, 28, 29, 62, 66, 73, 74, 76.

Aufgabe Nr. 28a: Ein normaler Drehstrommotor mit 12-poliger Wicklung wird mit einer Spannung von 25 Perioden gespeist.

Fragen:

a) Welche theoretische Drehzahl hat der Läufer des Motors (bei Leerlauf)?

b) Welche theoretische Drehzahl hat derselbe Läufer, wenn dem Ständer eine Spannung von 42 Perioden (Hz) zugeführt wird?

Aufgabe Nr. 29a: Ein normaler Drehstrommotor mit normaler Gruppenwicklung hat insgesamt 24 Gruppen im Ständer.

Frage: Wieviel Pole hat der Motor?

Aufgabe Nr. 30a:

Ein normaler Drehstrommotor hat folgende Leistungsschildangaben: 50 PS, 380/220 Volt, 375 n, 50 Hz.

Frage: Wieviel Pole hat der Motor?

Aufgabe Nr. 31a: Der SSW Drehstrommotor Type R 31s-1500 4 kW, 380/220 Volt hat folgende Wickeldaten:

Ständer = 48 Nuten, je Nute 52 Drähte, Draht 1,3 mm ∅, je Phase 2 Gruppen parallel, Sternschaltung bei 380 Volt.

Läufer: 60 Nuten, je Nute 7 Drähte, Draht 2,5 mm ∅, je Phase 2 Gruppen in Serie-Sternschaltung.

Fragen:

a) Welche ungefähre Läuferspannung tritt bei Stillstand des Läufers zwischen 2 Schleifringen auf?

b) Welche Läuferspannung tritt auf, wenn die 2 zu einer Phase gehörenden Gruppen im Ständer nicht parallel, sondern in Serie geschaltet werden?

c) Welche Läuferspannung tritt bei Dreieckschaltung des Ständers und 220 Volt Spannung auf (Ständerdaten wie zu Frage a)?

d) Welche Wickeldaten muß der Motor erhalten, wenn derselbe an 500 Volt, 50 Hz angeschlossen werden soll?

e) Für welche Ständerspannung würde der Motor passen, wenn die bei 380 Volt je Phase parallel geschalteten 2 Gruppen in Serie geschaltet werden?

Lösungen der schriftlichen Aufgaben aus Folge V:

Zur Aufgabe Nr. 23a:

a) Da Kollektorschritt 1 : 2 vorliegt, besitzt der Anker eine 4-polige Schleifenwicklung.

b) 4 parallele Stromzweige.

c) Der Nennstrom ist 129 Amp. Demnach fließt bei 4 parallelen Stromzweigen in einem Ankerleiter 129 : 4 = 32,2 Amp.

d) Der Leiterquerschnitt beträgt 1,3 . 9 = 11,7 mm². Demnach ist die spezifische Strombelastung im Ankerleiter 32,2 : 11,7 = ca. 2,75 Amp./mm² (bei alten Maschinen möglich — gilt heute als anormal niedrig).

e) Über einen Bürstensatz (4 Bürsten) fließen 1/2 von 129 Amp., also 64,5 Amp. Dann fließt über eine Bürste 64,5 : 4 = 16,1 Amp. Die spez. Belastung einer Bürste ist bei einem Querschnitt von 2,5 cm² = 16,1 : 2,5 = 6,4 je cm² (sehr geringe Strombelastung; alte Bauart).

f) Bei 4 Pole, 142 Lamellen und 220 Volt beträgt die Lamellenspannung etwa: $4 \cdot \frac{220}{142}$ = **6,16** Volt (also ein sehr niedriger Wert!).

g) $\frac{142}{2 \cdot 2}$ = 35,5 eine gebrochene Zahl. Es lassen sich keine Ausgleichverbindungen anbringen.

h) Der Ohmsche Widerstand einer Magnetspule beträgt (siehe Folge III Seite 3) $\frac{0{,}8 \cdot 4100 \cdot 0{,}02}{0{,}95}$ = 69 Ohm.
Der Widerstand der 4 Spulen beträgt demnach 4 . 69 = 276 Ohm und der Nebenschlußstrom = 220 : 276 = **rund 0,8 Amp.**

i) Die AW ergeben sich aus Windungszahl mal Strom. Mithin betragen die AW einer Spule 4100 . 0,8 = 3280 AW.

Zur Aufgabe Nr. 24a:

a) 10 % der AW einer Nebenschlußspule sind 328 AW. Da in der Hauptschlußwicklung bei Nennlast ein Strom von 129 Amp. fließt, so werden je Spule 328 : 129 = 2,5, also rund 3 Windungen für die Hauptschlußwicklung benötigt.

b) Wird je mm^2 eine Strombelastung von 2,5 Amp. zugelassen, so muß der Querschnitt des Leiters für die Hauptschlußwicklung 129 : 2,5 = rund 52 mm^2 betragen.

Zur Aufgabe Nr. 25a:

a) Die Magnetspulen werden zu 2 parallel geschaltet.

b) Der Anker erhält entweder eine 4-polige Schleifenwicklung mit je Nute 4 Leiter von 23,4 mm^2 Querschnitt — oder eine Reihen-Parallelwicklung mit vier parallelen Stromzweigen und Kollektorschritt $\frac{142 - 2}{2}$ = 70 (1 — 71), wobei das bisherige Leiterkupfer unverändert beibehalten werden kann. Da die Voraussetzungen für die Anbringung von Ausgleichverbindungen weder im Falle einer Schleifen- noch im Falle einer Reihenparallelwicklung gegeben sind, so ist die letztere vorzuziehen, weil man hierbei die alte Wicklung verwenden könnte.

c) Die Lamellenspannung bei Schleifenwicklung ist 1/2 derjenigen bei 220 Volt, also etwa 3,08 Volt.

d) Der Bürstenquerschnitt müßte wesentlich verstärkt werden. Sofern die Platzverhältnisse auf dem Kollektor und der Lamellenquerschnitt den Aufbau eines entsprechenden Bürstenapparates nicht zulassen, ist die Umwicklung nicht durchführbar.

Zur Aufgabe Nr. 26a:

a) Die Wickeldaten der Magnetspulen müßten lauten: ca. 8200 Windungen, Draht 0,8 mm ϕ.

b) Der Anker müßte entweder eine künstlich geschlossene Reihenwicklung oder eine normale Reihenwicklung mit 141 Teilspulen und 141 Lamellen, Kollektorschritt 1 — 71 erhalten. Leiterzahl und Leiterquerschnitt könnten in beiden Fällen wie bei 220 Volt beibehalten werden. Unter Beibehalt der bisherigen Wicklungsart (Schleifenwicklung) muß die Leiterzahl je Nute verdoppelt werden und der Leiterquerschnitt wird halbiert.

c) Die Lamellenspannung würde bei 440 Volt doppelt so hoch sein wie bei 220 Volt, also etwa 12,32 Volt. Dieser Wert wäre noch zulässig.

d) Von jedem Bürstensatz könnten 2 Bürsten entfernt werden. Man wird aber besser nur eine Bürste je Satz entfernen und eine Bürste mit geringerer Leitfähigkeit wählen, da hierbei eine bessere Kommutierung zu erwarten ist.

Folge VII

Drehstrom

A. Rekonstruktion und Berechnung von Wickeldaten.

In Folge VI wurde bereits dargelegt, daß bei Umwicklungen für andere Spannungen die Leiterzahlen sich im Verhältnis der Ständerspannungen zueinander ändern, genau so, wie dies bei Gleichstrommaschinen der Fall ist (siehe Aufgabe 31 a unter d). Der Läufer bleibt in solchen Fällen völlig unverändert. Wenn man gemäß Folge VI anhand der Leiterzahlen im Ständer und Läufer und der Ständerspannung die Läuferspannung errechnen kann, so erhellt hieraus, daß man bei gegebener Läuferspannung, der Läufer-Wickeldaten und der Ständerspannung auch die Leiterzahl im Ständer rechnerisch, und zwar in der Regel praktisch genau genug rekonstruieren kann.

Beispiel: Es kommt ein SSW Drehstrommotor der Type R 184 g - 1000 ohne Ständerwicklung zur Instandsetzung. Das Leistungsschild trägt folgende Originaldaten:

Ständerspannung = 380/220 Volt
Läuferspannung = 130 Volt.

Der Läufer hat Stabwicklung, 90 Nuten (je Nute 2 Stäbe). Dann muß der Ständer bei 54 Nuten folgende Wickeldaten erhalten:

$$\text{Leiterzahl} = \frac{380\ \text{Volt}}{132\ \text{Volt}} \cdot 180 = 516{,}6 : 54 = \text{ca. } 9{,}5\ \text{Leiter/Nute.}$$

In der Tat beträgt die Leiterzahl je Nute original = 9. Die Leiterzahl muß bei dieser Berechnungsart immer nach unten abgerundet werden, weil die Spannungsverluste usw. hierbei nicht berücksichtigt sind.
Der Leiterquerschnitt ergibt sich aus dem Nennstrom: spezifische Belastung des Leiters. Beträgt der Nennstrom im vorliegenden Falle = 56,5 Amp. und läßt man eine spezifische Strombelastung von 3,0 A. p./mm² zu, so ist der Leiterquerschnitt:

$$56{,}5 : 3{,}0 = \text{rund } 18{,}8\ \text{mm}^2.$$

Bei 3 Drähten parallel, also etwa 2,8 mm ϕ. In der Praxis wird man den Leiterquerschnitt nach dem vorhandenen Nutenraum wählen, und zwar derart, daß der Nutenraum bestmöglichst ausgenutzt wird. Es ist erklärlich, daß nach der beschriebenen Rechenmethode der Fehler in % bei größeren Maschinen mit geringer Leiterzahl mehr, bei kleinen Maschinen mit hoher Leiterzahl weniger ins Gewicht fällt. Handelt es sich bei Umwicklungen um die Änderung der Läuferdrehzahl (Polzahl), so fällt hierfür die notwendige Berechnung aus dem Rahmen der

Meistertätigkeit heraus. Derartige Berechnungen sind Sache des Berechnungsingenieurs. Es sei zu diesen Fragen erwähnt, daß eine Herabsetzung der Drehzahl (Erhöhung der Polzahl) im Regelfall möglich ist, wenn die Nutenzahlen günstig liegen. Eine Erhöhung der Drehzahl (Herabsetzung der Polzahl) unter gleichzeitiger Leistungssteigerung bedarf aus vielfältigen Gründen einer vorsichtigen Prüfung und Vorausberechnung des Ingenieurs.

B. Das aktive Eisen des Drehstrommotors*)

Das aktive Eisen des Ständers und Läufers ist aus (einseitig durch Papierbeklebung oder Lackanstrich) isolierten Blechen von 0,5 mm Stärke zusammengesetzt.

Nutenzahl und Nutenform sind von dem Erbauer nach bestimmten Grundsätzen ausgewählt. Die Nutenzahl und Nutenform zusammen mit der Größe des Luftspaltes zwischen Ständer und Läufer haben Einfluß auf verschiedene elektrische Werte, z. B. auf den Leistungsfaktor, Leerlaufstrom, Wirkungsgrad usw.

Wird also gelegentlich einer Reparatur z. B. der Luftspalt (durch Abdrehen des Läufers) vergrößert oder die Nutenöffnung (durch Auffeilen) erweitert, so bedeutet dies eine Herabsetzung wichtiger elektrischer Werte.

Anlauf: Bei Drehstrommotoren mit Kurzschlußläufer ist der gute Anlauf des Läufers und die Geräuschlosigkeit u. a. abhängig von dem Verhältnis der Ständer- und Läufer-Nutenzahl und von dem Ohmschen Widerstand der Käfigwicklungen (Kurzschlußwicklung). Beim Nachlöten der Käfigwicklung darf daher der Querschnitt der Kurzschlußringe durch Auftragen von Lötzinn oder Hartlot nicht zu sehr verstärkt werden, weil hierdurch der Ohmsche Widerstand der Wicklung herabgesetzt und der Anlauf des Läufers in Frage gestellt wird.

Geräusche: Durch exzentrische Lagerung des Läufers oder ungleichen Luftspalt können erhebliche Geräusche entstehen. Deshalb muß bei Instandsetzungen auf saubere Arbeit und präzisen Zusammenbau geachtet werden.

Der schlechte Anlauf bei Käfigläufern kann in der Regel durch Erhöhung des Ohmschen Widerstandes der Kurzschlußringe (Abdrehen der Kurzschlußringe oder Einschneiden derselben entsprechend der Polpaarzahl) verbessert werden. Auch Schrägstellung der Läuferstäbe verbessert den Anlauf und vermindert vielfach auch das Geräusch des Motors.

*) Über Dynamo- und Transformatorenbleche s. EMA, Heft 8/58, S. 234.

C. **Leerlaufstrom, Nennstrom und Kurzschlußstrom.**

Der Leerlaufstrom beträgt bei Drehstrommotoren älterer Baujahre etwa 20 %, im Regelfall etwa 20 % bis 40 %. Durch Vergrößerung des Luftspaltes erhöht man den Leerlaufstrom. Durch Erhöhung der Leiterzahl im Ständer kann man den Leerlaufstrom herabsetzen, jedoch muß der Leerlaufstrom einen gewissen Wert haben. Man kann also den Leerlaufstrom nicht beliebig herabsetzen oder erhöhen.

Unter Nennstrom versteht man allgemein den auf dem Leistungsschild angegebenen Stromwert, das ist also der Strom, den der Motor bei voller Leistungsabgabe aufnimmt, oder derjenige, welcher von dem Generator abgegeben wird.

Der Kurzschlußstrom**) ist derjenige Stromwert, der im Ständer auftritt, wenn man den Läufer festhält und der Ständerwicklung die Netzspannung zuführt.

D. **Wirkungsgrad und Leistungsfaktor.**

Der Wirkungsgrad ist das Verhältnis der abgegebenen zur aufgenommenen Leistung und wird in der Regel in Prozent ausgedrückt.

Der Leistungsfaktor (cosinus phi) ist das Verhältnis von Leistung zur scheinbaren Leistung. Die Leistung wird ausgedrückt in kW (Kilowatt) oder Watt, die scheinbare Leistung in kVA (Kilo-Volt-Ampere) oder VA (Volt-Ampere).

Bei Synchronmotoren ist der Leistungsfaktor = 1. Bei Drehstrom-Asynchronmotoren liegt der Wert des Leistungsfaktors bei hohen Drehzahlen (geringer Polzahl) oder großer Maschineneinheit (hohe Leistung) höher als bei geringen Drehzahlen oder geringen Leistungen. Der Leistungsfaktor erreicht in der Regel den besten Wert bei Nennbelastung. Derselbe liegt bei normalen Asynchronmotoren jedoch stets unter 1. Man kann den Leistungsfaktor eines nur teilweise belasteten Drehstrom-Asynchronmotors verbessern, indem man z. B. den Ständer von Dreieck auf Stern umschaltet.

Dasselbe erzielt man, wenn man den Asynchronmotor Gleichstromerregung zuführt (kompensierte Motoren) oder denselben mit einem Kompensator oder Kondensator ausrüstet (ebenfalls kompensierte Motoren). Die sogenannte scheinbare Leistung ergibt sich aus:

$$\frac{\text{kW}}{\text{Nennleistungsfaktor}}$$

Aufgaben:

Aufgabe Nr. 32a: Beantworte die mündlichen Fragen 2, 3, 4, 7, 23, 41, 43, 46, 47, 49, 50, 51.

**) Beträgt etwa das 5—7-fache des Nennstromes. Tabelle über Nennströme, Leerlauf und Kurzschlußströme siehe Raskop: Der Katechismus, 12. Auflage Seite 117.

Aufgabe Nr. 33 a: Ein Drehstrommotor mit folgenden Schilddaten wird ohne Ständerwicklung zur Neuwicklung gegeben:

5,5 kW, 380/220 Volt, 11,8/20,5 Amp., 1430 n, Läuferspannung = 148 V. Läufer-Wickeldaten: 60 Nuten, je Nute 7 Drähte, Draht = 2,5 mm ⌀, Serie-Sternschaltung, Nutenzahl im Ständer = 48.

Fragen:

a) Welche Leiterzahl muß jede Ständernute erhalten, wenn je Phase 2 Gruppen parallel und Sternschaltung bei 380 Volt gewählt wird?

b) Welcher Leiterquerschnitt und Durchmesser kommt nach a) in Frage?

c) Welche Leiterzahl je Ständernute und welcher Drahtdurchmesser kommt bei Sternschaltung und 2 Gruppen je Phase in Serie in Betracht?

Aufgabe Nr. 34 a: Ein Drehstrommotor hat folgende Daten:

14,7 kW, 960 n, 125/216 Volt.
Ständer: 36 Nuten, je Nute 3 . 10 Drähte, Draht 2,3 mm ⌀, Sternschaltung bei 216 Volt, 3 Gruppen je Phase in Serie.
Läufer: 54 Nuten, je Nute 6 Drähte, Draht 3,2 mm ⌀, Serie-Sternschaltung.

Fragen:

a) Welche ungefähre Läuferspannung tritt bei Stillstand zwischen zwei Schleifringen auf?

b) Welche Wickeldaten muß der Ständer für eine Spannung von 500 Volt erhalten?

Lösungen der schriftlichen Aufgaben aus Folge VI:

Zur Aufgabe Nr. 28 a:

a) Bei 25 Hz ist die theoretische Läuferdrehzahl $\frac{25 \cdot 60}{6} = 250$ U/min.

b) Bei 42 Hz = 420 U/min.

Zur Aufgabe Nr. 29 a: Bei 24 Gruppen ist die Polzahl = 24 : 1,5 = 16.

Zur Aufgabe Nr. 30 a: Die Polzahl ergibt sich aus: $\frac{2 \cdot (50 \cdot 60)}{375} = 16$.

Zur Aufgabe Nr. 31 a:

a) Da im Ständer 2 Gruppen parallel geschaltet sind, ist die
Effektive Leiterzahl/Nute = 26
Totale Leiterzahl im Ständer = 26 . 48 = 1248
Totale Leiterzahl im Läufer = 420
Übersetzungsverhältnis = 420 : 1248 = 0,3365
Läuferspannung = 380 . 0,3365 = ca. 127,87 Volt
(gemäß Leistungsschild = 120 Volt).

b) Da bei 2 Gruppen in Serie die Leiterzahl je Nute 52 beträgt, so beträgt die Läuferspannung folgerichtig 1/2 von 127,47 = rund 64 Volt.

c) Dieselbe wie bei a), also 127,87 Volt, weil die Leiterzahl im Ständer und gleichzeitig die Spannung auf den 1,73 sten Teil herabgesetzt ist.

d) Der Ständer erhält je Nute 34 Drähte, Draht 1,6 mm ϕ, je Phase 2 Gruppen in Serie, oder 68 — 69 Drähte, Draht 1,1 mm ϕ, je Phase 2 Gruppen paralllel, Sternschaltung bei 500 Volt.

e) Für die doppelte der bisherigen Spannung, also für 2 . 380 = 760 V.

Anmerkung:

1. Die Prüfungskommission bei der Handwerkskammer verlangt im Regelfall bei den schriftlichen Prüfungsaufgaben nicht nur die Ergebnisse der Lösungen, sondern auch die Darlegung des Rechnungsganges. Es ist daher zweckmäßig, wenn die im Rahmen des Vorbereitungskursus gestellten Aufgaben unter Beifügung des Rechnungsganges gelöst werden. Grundsätzlich sind nur die gestellten Fragen, und zwar in knapper, aber vollständiger Form zu beantworten. Ist die Lösung der Aufgabe dem Sinne nach richtig, so werden seitens der Prüfungskommission bei etwaig eingeschlichenen Rechenfehlern die Lösungen nicht als „falsche" gewertet.

2. Es ist zweckmäßig, die für die Anmeldung zur Meisterprüfung notwendigen Unterlagen frühzeitig zu beschaffen. Erforderlich sind:

   a) ein kurzer, eigenhändig geschriebener Lebenslauf,

   b) eine Geburtsurkunde,

   c) ein Gesellenzeugnis oder den Nachweis, daß der Prüfling gemäß § 129, Absatz 6 der Gewerbeordnung zur Anleitung von Lehrlingen befugt ist, oder ein Antrag auf Befreiung von der Beibringung eines Gesellenzeugnisses (Muster hierfür siehe Seite 52),

   d) der Nachweis, daß der Prüfling mindestens drei Jahre als Geselle in dem Elektro-Maschinenbauer-Handwerk tätig ist,

   e) Zeugnisse von Unterrichtsanstalten, welche der Prüfling besucht hat,

   f) ein polizeiliches Führungszeugnis.

Folge VIII

Polumschaltbare Drehstrommotoren

Durch Polumschaltung der Dreiphasenwicklung läßt sich eine stufenweise, verlustlose Drehzahlregelung bei Asynchronmotoren erreichen. Die jeweils erzielbare Läuferdrehzahl (bei Leerlauf) ergibt sich dann aus der Formel:

$$\text{Läuferdrehzahl} = \frac{\text{Frequenz} \,.\, 60}{\text{Polpaarzahl}}, \text{ oder } 2 \cdot \frac{\text{Frequenz} \,.\, 60}{\text{Polzahl.}}$$

A. Bereits im Jahre 1897 erteilte das Deutsche Reichspatentamt an Dahlander und Lindström das DRP 98417, und zwar auf eine polumschaltbare Dreiphasenwicklung für das Polzahlverhältnis 2:1, z. B. 4/2, 8/4, 12/6, 16/8 polig usw. Bei 50 Hz ergeben sich dann folgende Drehzahlstufen: 1500/3000 n, 750/1500 n, 500/1000 n, 375/750 n, usw. Die Läufer dieser Dahlander-Motoren werden als Käfigläufer ausgelegt.

Durch Anordnung von 2 Dahlanderwicklungen erreicht man bei Asynchronmotoren 4 Drehzahlstufen. Von dieser Möglichkeit wird häufig Gebrauch gemacht.

Ständerwicklung:

Die Ständerwicklungen der Dahlander-Motoren werden vorteilhaft zweischichtig, mit Spulen gleicher oder ungleicher Weite ausgeführt. Der Wickelschritt kann gleich der Polteilung oder verkürzt gewählt werden. In der Regel wird der ungesehnte Schritt angewandt.

Die Auslegung der Wicklungen entspricht jeweils der höheren Polzahl, z. B. bei der 4/2-poligen Dahlanderwicklung wird die Wicklung 4-polig ausgelegt, und zwar für Dreieckschaltung. Die 4-polige, in Dreieck geschaltete Dahlanderwicklung wird mit Hilfe eines Dahlander-Polumschalters 2-polig, und zwar in „Doppelstern" geschaltet.

Das Klemmbrett der zweistufigen Dahlanderwicklung hat nur 6 Klemmen. Die Polumschaltung ist daher bei der Dahlanderwicklung „Dreieck/Doppelstern" mit einem verhältnismäßig einfachen Polumschalter durchführbar. Auch aus diesem Grunde werden die Dahlanderwicklungen bevorzugt angewandt.

Leistungsverhältnis:

Das Leistungsverhältnis der Dahlandermotoren ist etwa 1 : 1,5, d. h. beträgt die Leistung bei der niedrigen Drehzahl beispielsweise = 1 kW, dann beträgt dieselbe bei der höheren (doppelten) Drehzahl = ca. 1,5 kW.

Drehstrommotoren mit 2 Dahlanderwicklungen und 4 Drehzahlstufen:

Das Klemmbrett solcher Motoren besitzt 2 . 6 = 12 Anschlußklemmen. Ist das Polzahlverhältnis der beiden Dahlanderwicklungen jedoch 3 : 1 (z. B. 12/6- und 4/2-polig), dann erhält die 4/2-polige Wicklung 7 Anschlußklemmen, zusammen also = 13 Klemmen.

Mit Hilfe dieser 7. Klemme wird durch den Polumschalter die 4-polige, in Dreieck geschaltete Wicklung „geöffnet", wenn die 12/6-polige Dahlanderwicklung in Betrieb ist.
Diese Maßnahme ist notwendig, weil bei gegebenen Voraussetzungen in der 4/2-poligen Dahlanderwicklung bei geschlossener Dreieckschaltung ein störender Stromfluß auftreten kann.

Polumschaltbare Drehstrommotoren mit 3 Drehzahlstufen:
Bei 3 Drehzahlstufen, z. B. 1000/1500/3000 n, werden im Regelfalle
a) eine Dahlanderwicklung 4/2-polig
b) eine normale, 6-polige Dreiphasenwicklung in Sternschaltung
angewandt. Ist das Polzahlverhältnis hierbei 3 : 1, z. B.
a) eine 4/2-polige Dahlanderwicklung
b) eine 12-polige normale Dreiphasenwicklung in Sternschaltung,
dann muß die im Dreieck geschaltete 4/2-polige Dahlanderwicklung geöffnet werden, wenn die 12-polige Wicklung in Betrieb ist.

Andere polumschaltbare Wicklungen mit dem Polzahlverhältnis 2 : 1:
Anstelle der für den Regelfall bevorzugten Dahlanderwicklung in Dreieck/Doppelsternschaltung kommen bei dem Polzahlverhältnis 2 : 1 auch andere Wicklungsschaltungen in Betracht, z. B.
a) Stern/Dreieck-Schaltung oder
b) Stern/Doppelsternschaltung.
In solchen Fällen muß ein Polumschalter zur Anwendung gelangen, der dieser Schaltart entspricht.

B. Polumschaltbare Wicklungen in „Einwicklungsausführung" nach SSW-Weinert.

Nach der Einwicklungsausführung SSW/Weinert werden polumschaltbare Dreiphasenwicklungen für 3 und 4 Drehzahlen hergestellt.

Die Polumschaltung dieser Wicklungen erfordert gegenüber der Dahlanderschaltung eine höhere Zahl von Wicklungs-Schaltenden und spezielle Polumschalter mit jeweils entsprechender Klemmenzahl. Die 8/6/4-polige SSW/Weinert-Wicklung hat beispielsweise 21 Wicklungs-Schaltenden, die mit dem Polumschalter verbunden werden. Der Polumschalter hat einschließlich der 3 Netzzuleitungen zusammen 24 Anschlußklemmen.
Die Wicklungsschaltungen sind mehr oder weniger kompliziert. Bei der 8/6/4-poligen Wicklung ist die Drahtzahl/Nute und der Drahtdurchmesser in den Ständernuten nicht einheitlich. Gelegentlich einer Neuwicklung dieser Motoren ist hierauf besonders sorgfältig zu achten, wenn die Wickeldaten aufgenommen und auf Karteikarten übertragen werden.
Die Schaltart der Wicklungen in den einzelnen Drehzahlstufen ist unterschiedlich. Es handelt sich hier um Sonderschaltungen, die von den üblichen Schaltarten mehr oder weniger abweichen. Bei Neuwick-

lungen dieser Spezialausführungen ist die Verwendung der Ursprungs-Schaltbilder dringend zu empfehlen.

Schrifttumshinweise:

1. **Polumschaltbare Dreiphasenwicklungen nach Dahlander:** „Katechismus für die Ankerwickelei" 12. Auflage Seite 316.
2. Desgl. EMA, Heft 12/1957, Seite 354.
3. **Schaltbilder für polumschaltbare Wicklungen:** Katechismus, 12. Auflage, Seite 317 — 350.
4. Desgl. EMA, Heft 12/1957, Seite 355 — 360.
5. Desgl. Raskop, Schaltbildermappe -A- (DIN A 4-Format).
   Desgl. Raskop, Schaltbildermappe -B- (DIN A 4-Format).

Polumschaltbare Einphasenwicklungen:

Von der Möglichkeit, Einphasen-Asynchron-Käfigläufermotoren mit polumschaltbaren Ständerwicklungen herzustellen, wird nur selten (bei Klein- und Kleinstmotoren) Gebrauch gemacht. In der Regel handelt es sich um 4/2-polige Wicklungen, in seltenen Fällen auch um andere Polzahlen in Sonderausführung.

Schrifttumshinweise:

1. Polumschaltbare Einphasenmotoren für zahnärztliche Zwecke, EMA, Heft 1/57, Seite 24.
2. Polumschaltbare Einphasen-Asynchronmotoren 4/2-polig, EMA, Heft 3/55, Seite 85 — 86 (mit Schaltbild).
3. Desgl. EMA, Heft 7/55, Seite 215 (mit Schaltbild).
4. **Wicklungs-Schaltbilder für polumschaltbare Einphasen-Asynchronmotoren:** Schaltbildermappe Ausgabe -B- (DIN-A4-Format).

Aufgaben:

Aufgabe Nr. 33 b: Ein 8/4-poliger Drehstrommotor 50 Hz mit Dahlanderwicklung hat in 8-poliger Dreieckschaltung eine DB-Leistung von 3,45 kW.

Frage: Welche DB-Leistung kann der Motor in 4-poliger Doppelsternschaltung abgeben?

Aufgabe Nr. 34 b: Nenne außer der Dreieck-Doppelstern-Dahlanderschaltung weitere andere Schaltungen für das Polzahlverhältnis 2 : 1.

Aufgabe Nr. 35 b: Ein polumschaltbarer Drehstrom-Käfigläufermotor hat 4 Drehzahlstufen, jedoch nur eine einzige Ständerwicklung.

Frage: Welche Fachbezeichnung tragen solche Wicklungsausführungen und von welcher Firma wurden derartige Motoren erstmalig hergestellt?

Lösungen der schriftlichen Aufgaben aus Folge VII:

Zur Aufgabe Nr. 33 a:

a) = 44 Leiter/Nute b) 1,4 mm Ø c) 22 Leiter, Draht 1—1,2 mm Ø.

Zur Aufgabe Nr. 34 a:

a) Die Läuferspannung beträgt ca. 195 Volt.

b) Je Nute 23 Leiter. Der Leiterquerschnitt beträgt bei 216/125 Volt 3 Gruppen parallel = 3 . 4,1548 mm ^{2} = 12,46 mm^2. Das Übersetzungsverhältnis 500 : 216 = 2,31. Dann ist der Drahtquerschnitt für 500 Volt je Phase 3 Gruppen in Serie = 12,46 : 2,31 = 5,39 mm^2 = 2,6 mm ∅.

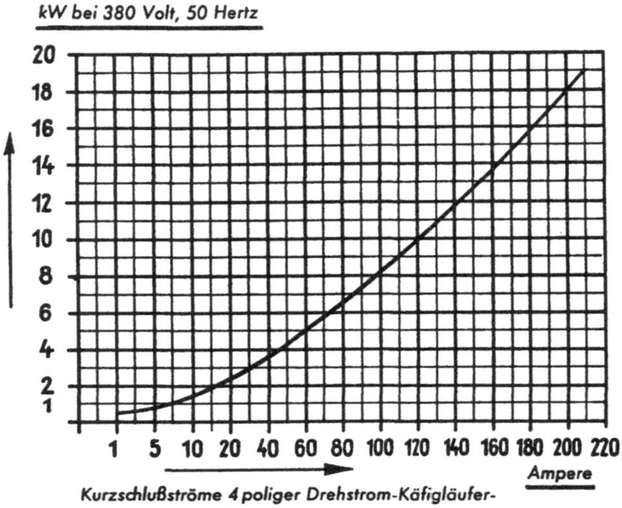

Kurzschlußströme 4 poliger Drehstrom-Käfigläufer-Motoren, 380 Volt, 50 Hz, DB. (Baujahr 1948)

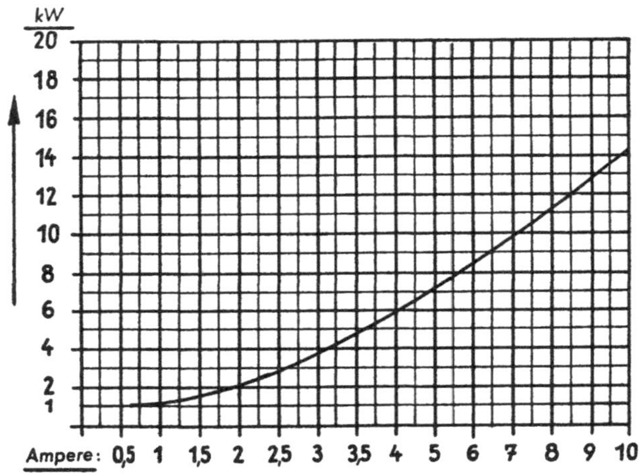

Leerlaufströme 4 poliger Drehstrom-Käfigläufer-Motoren, 380 Volt, 50 Hz, DB. (Baujahr 1948)

Folge IX

Drehstrom

A. Transformatoren.

Der Transformator ist hinsichtlich Aufbau und Wirkungsweise die einfachste elektrische Maschine. Er besteht im wesentlichen aus dem aktiven Eisenkörper und den Wicklungen. Der aktive Eisenkörper besteht aus hochwertigem, einseitig mit Seidenpapier beklebten Blechen von 0,3 — 0,5 mm Stärke. Der sogenannte Wattverlust der Trafo-Bleche beträgt normalerweise ca. 1,3 — 1,7 je kg, in jüngster Zeit auch weniger als — 1 Watt/kg —, während die Bleche für Drehstrommotoren in der Regel eine Wattverlustziffer bis zu 3,6/kg aufweisen. Die Bleche werden aufeinander geschichtet und mittels isolierter Bolzen oder Schrauben zu einem Körper zusammengefaßt. Man unterscheidet Mantel- und Kern-Transformatoren. In neuerer Zeit hat nur der Kern-Trafo Bedeutung. Im Regelfall besitzt der Trafo zwei, elektrisch voneinander getrennte Wicklungen. Diejenige Wicklung, welche die elektrische Energie zugeführt erhält, nennt man Primär-Wicklung. Diejenige, aus welcher die elektrische Leistung entnommen wird, die Sekundär-Wicklung. Man spricht auch von einer Hochvolt- und einer Niedervolt-Wicklung. Das Verhältnis der beiden Wicklungen zueinander in bezug auf Windungszahl und Spannungen nennt man das Übersetzungsverhältnis.

Die Wicklungen können als Scheibenspulen- oder Zylinder-Wicklung ausgeführt werden. Gemäß Regeln für Transformatoren, DIN 57532, Abschnitt -K-, muß auf dem Leistungsschild eines Trafos außer der Primär- und Sekundärspannung usw. auch die sogenannte „Kurzschlußspannung" angegeben werden. Diese Angabe ist wichtig für die Parallelschaltung der Transformatoren.

Die Kurzschlußspannung ist diejenige Spannung, die der Primärwicklung zugeführt werden muß, um in der kurzgeschlossenen Sekundärwicklung den sekundären Nennstrom zu erzeugen (siehe Elektromaschinenbauer-Handwerk, 3. Auflage S. 194. Techn. Verlag H. Cram, Berlin W 35). Die Schaltungen der Trafo-Wicklungen können sehr verschiedenartig ausgeführt werden. Die gebräuchlichsten Schaltungen sind die Stern/Stern-Schaltung und die Stern/Zickzack-Schaltung. Die verschiedenartigsten Schaltungen sind nach den Regeln für Bewertung und Prüfung von Transformatoren in Schaltgruppen*) zusammengefaßt, z. B. gehört die Stern/Stern-Schaltung zur Schaltgruppe A, wäh-

*) Neue Schaltgruppenbezeichnung siehe Fachzeitschrift EMA, Jahrgang 1950, S. 164, sowie DIN 57532, S. 4.

Schaltgruppen und Schaltungen von Transformatoren

Deutsche Bezeichnung: Schaltgruppe	Deutsche Bezeichnung: Schaltung	Vektorbild Ober- Unter-spannung	Schaltungsbild Ober- Unter. spannung	IEG-Bezeichnung der Schaltungen
		I. Dreiphasen-Transformatoren		
A	A 1	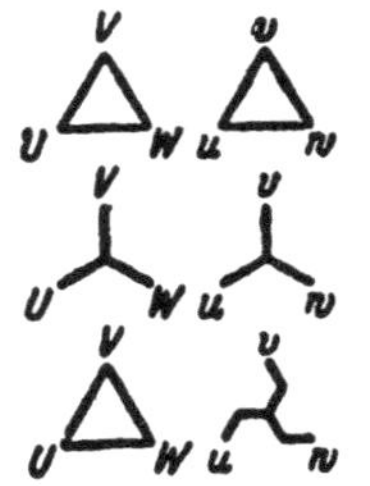	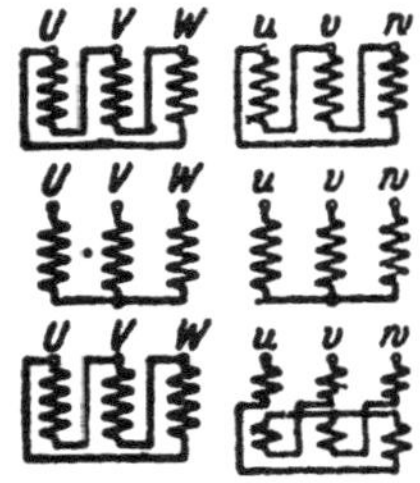	D d 0
	A 2			Y y 0
	A 3			D z 0
B	B 1	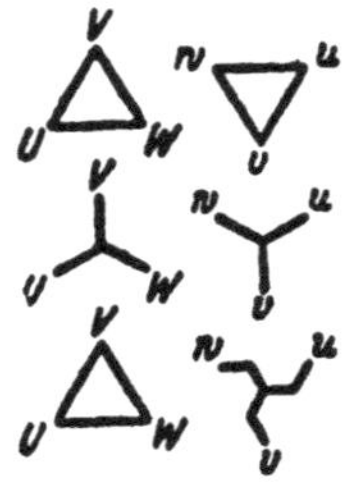	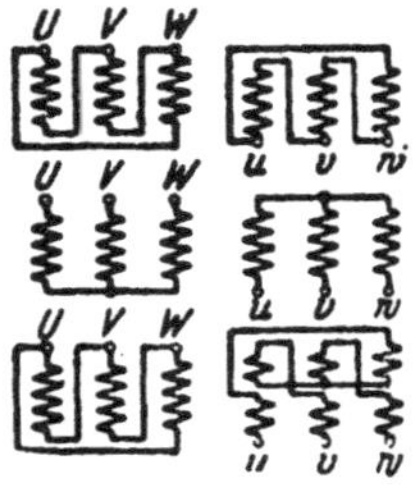	D d 6
	B 2			Y y 6
	B 2			D z 6
C	C 1	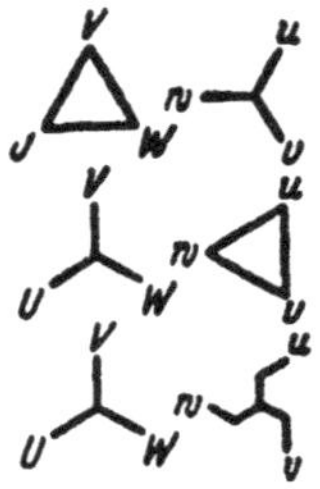	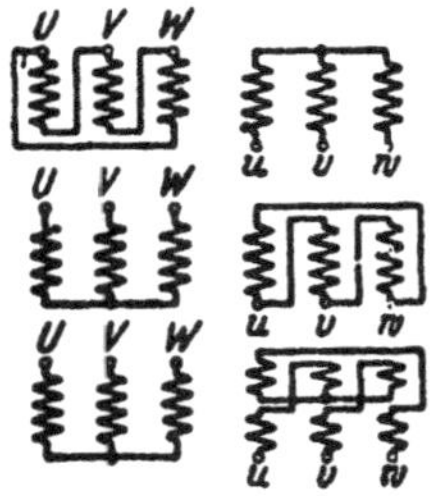	D y 5
	C 2			Y d 5
	C 3			Y z 5
D	D 1	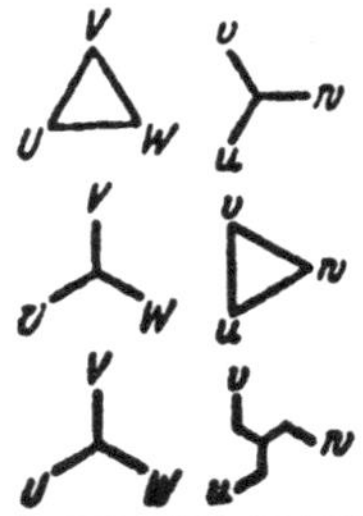	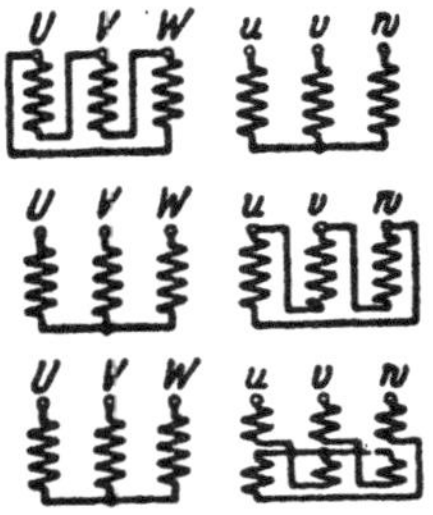	D y 11
	D 2			Y d 11
	D 3			Y z 11
		II. Einphasen-Transformatoren		
E	—	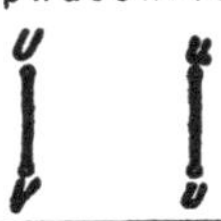		—

Der Wickelsinn soll, von gleichbezeichneten Klammen ausgegangen, gleichsinnig sein (vgl. DIN 57570, 1. Ausg., § 11).

rend die Stern/Zickzack-Schaltung zur Schaltgruppe C gehört (siehe Elektromaschinenbauer-Handwerk, S. 189 und EMA 1950, S. 164).
Die Kenntnis dieser Schaltungsarten ist wichtig, insbesondere bei Parallelschaltungen von Transformatoren. Vor allen Dingen interessiert die Zickzack-Schaltung. Hierbei ist die Wicklung einer Phase in zwei gleiche Teile geteilt und auf zwei verschiedene Kerne angeordnet, um ungleiche Phasenbelastungen bestmöglichst auszugleichen. Um dieselbe Spannung wie bei Sternschaltung zu erhalten, muß die Windungszahl ca. 15 % höher gewählt werden als bei Sternschaltung.
Beispiel: Ein Drehstrom-Transformator mit Stern/Stern-Schaltung (Schaltgruppe A 2)*) soll in Stern/Zickzack-Schaltung umgeändert werden. Dann ist die Windungszahl der Sekundärwicklung um 15 % zu erhöhen, wenn die bisherigen Spannungen bestehen bleiben sollen.
Als Kühlmittel für Transformatoren verwendet man Luft, Öl und Wasser. In der Regel wird Ölkühlung angewandt. Die Ölbehälter sind fast ausschließlich aus gewellten Blechen hergestellt, um eine möglichst große Wärmeabstrahlungsfläche zu erhalten. Die Trafo-Kühlöle haben entweder Paraffin- oder Naphta-Basis.
Bei Instandsetzungen oder Neuwicklungen von Öl-Trafos muß das alte Öl gereinigt und entwässert werden. Dieses geschieht mittels Filter, Zentrifugen und durch Auskochen. Das Zusatzöl muß mit dem alten gereinigten Öl gut vermischt werden. Gebrauchsfähiges Trafo-Öl muß eine Durchschlagsfestigkeit von ca. 40 000 Volt bei 5 mm Abstand der in das Öl gesenkten Kugel-Elektroden aufweisen.

B. **Spar- oder Auto-Transformatoren** (siehe auch EMA, 1951, S. 18).

Außer den Transformatoren mit elektrisch getrennten Wicklungen (Zweispulen-Wicklungen) gibt es auch solche mit elektrisch gekuppelten (verbundenen) Wicklungen (Einspulenwicklungen). Man nennt diese Trafo-Art auch Additions- oder Subtraktions-Transformatoren, weil man mit deren Hilfe von der Betriebsspannung einen Teil abzieht oder dieselbe um einen Spannungswert erhöht. Transformatoren dieser Art werden zum Anlassen größerer Kurzschlußläufermotoren und Einanker-Umformer, aber auch überall da angewandt, wo eine zur Verfügung stehende Netzspannung um verhältnismäßig kleine Werte erhöht oder herabgesetzt werden soll.
Die Bezeichnung „Spar“-Transformator ist dadurch begründet, weil bei der Einspulenwicklung Kupfer und Eisen gespart wird. Bei Spar-Transformatoren ist die Wicklung teils Primär-, teils Sekundärwicklung. Beide Teile sind elektrisch miteinander verbunden.

C. **Dreh-Transformatoren** (siehe auch EMA, 1957, S. 88).

Ein Dreh-Transformator ist ein Transformator, dessen Primär- oder Sekundärteil beweglich ist. Entfernt man von einem Drehstrom-

Schleifringläufermotor die Schleifringe und ordnet den Läufer z. B. in Verbindung mit einem Schneckengetriebe drehbar an, dann spricht man von einem Dreh-Transformator. Verbindet man die drei Anfänge der Läuferwicklung mit dem Netz und die drei Enden mit den drei Anfängen der Ständerwicklung, so läßt sich durch Veränderung der Läuferstellung die Spannung in gewissen Grenzen regulieren. Der Dreh-Transformator wird zur Regulierung von Spannungen verwendet.

D. Die Herstellung der Trafo-Wicklungen.*)

Bei Hochvolt-Transformatoren sind die Eingangsspulen besonders sorgfältig zu isolieren. Für einen kurzschlußsicheren Aufbau der Wicklungen auf den Kernen ist durch Anbringung von Versteifungen und festes Anziehen derselben Sorge zu tragen. Zur Erhöhung der Kurzschlußfestigkeit der Trafo-Wicklungen verwendet man vorteilhaft eine geeignete Compoundmasse, die in der Regel aus hochwertigem, ölbeständigem Isolierlack und Zinkweiß mit Zusatz eines Erhärtungsmittels hergestellt wird. Die Berechnung der Wickeldaten für Umwicklungen auf andere Spannungen geschieht nach den Grundsätzen, die unter Drehstrommotoren angegeben sind.

E. Parallelschalten von Transformatoren **)

Es können nur solche Transformatoren parallel geschaltet werden, di

1. gleiche Übersetzungsverhältnisse
2. gleiche Schaltgruppen
3. ungefähr gleiche Kurzschlußspannung

aufweisen.
Man unterscheidet Sammelschienen- und Netz-Parallel-Lauf.

Aufgaben:

Aufgabe Nr. 35a: Beantworte die mündlichen Fragen Nr. 5, 21, 24, 25, 26, 27, 30, 31.

Aufgabe Nr. 35a: Ein Drehstrom-Transformator 70 kVA 5000/220 Volt, Schaltung Stern/Stern, Kurzschlußspannung 3,65 % soll mit einem 100 kVA Transformator 5000/380 Volt Schaltung: Stern-Zickzack, Kurzschlußspannung = 3,75 % parallel arbeiten. Die Daten des 70 kVA Trafos sind folgende:

primär: je Kern 850 Windungen, Draht 2,0 mm ϕ, Sternschaltung,
sekundär: je Kern 36 Wdg., Flachdraht 8 . 3,5 mm, Sternschaltung

---

*) Elektromaschinenbauer-Handwerk, 3. Auflage S. 184 — 206.
**) Fachzeitschrift „EMA“ — Die elektr. Maschine Jahrgang 1950, S. 164, sowie DIN 57 532, S. 4, desgl. Raskop: Das Berechnungsbuch des Elektromaschinenbauers, 7. Auflage S. 109.

Fragen:

a) warum können die beiden Transformatoren ohne Umwicklung des 70 kVA nicht parallel arbeiten?

b) welche Wickeldaten und welche Schaltung muß der 70 kVA Trafo erhalten, damit ein Parallelarbeiten möglich ist?

Aufgabe Nr. 37 a: Bei Messung der Kurzschlußspannung eines Trafos 5000/400 Volt wurden 187,5 Volt in die Primärwicklung geschickt, um in der Sekundärwicklung den Nennstrom zu erzeugen.

Frage:

Wieviel % der Primärspannung 5000 Volt beträgt die Kurzschlußspannung?

Aufgabe Nr. 38 a: Ein DrehstromTransformator hat Stern/Stern-Schaltung.

Frage:

Zu welcher Schaltgruppe gehört der Transformator?

Aufgabe Nr. 39 a: Ein Drehstrom-Transformator hat folgende Wickeldaten:

primär: je Kern 1000 Windungen, Sternschaltung,
sekundär: je Kern 70 Windungen, Stern/Zickzackschaltung.

Fragen:

a) welche Leerlaufspannung mißt man an der Sekundärwicklung, wenn der Primärwicklung 500 Volt zugeführt werden?

b) wie vor, wenn man die Sekundärwicklung in Stern schaltet?

Folge X

A. Einphasen-Wechselstrommotoren.*)

Der Einphasen-Wechselstrom-Asynchronmotor hat in neuerer Zeit nur als Kleinmotor eine Bedeutung, da es im Bundesgebiet fast keine Einphasen-Netze mehr gibt. Der einphalen-Kleinmotor ist für den einphasigen Anschluß an Dreiphasen-Netze bestimmt und gewinnt durch die Einführung von Handwerkzeugmaschinen und Haushaltmaschinen immer mehr an Bedeutung. Bekanntlich besitzt der Ständer des Einphasen-Asynchronmotors zwei Wicklungen, und zwar eine Arbeitswicklung und eine Hilfs- (Anlauf-) Wicklung.
Die Hilfs- (Anlauf-) Wicklung wird nach erfolgtem Anlauf des Läufers entweder zwangsläufig (automatisch) oder von Hand abgeschaltet. In

*) Raskop: „Der Katechismus ...“, 12. Auflage S. 380 — 397. Mittel und Methoden zur Erzielung eines einwandfreien Anlaufes der Einphasen-Asynchronmotoren mit Käfigläufer.

der Regel belegt die Hilfswicklung etwa ein Drittel der Ständernutenzahl. Während der Arbeitsleistung ist die Hilfswicklung stromlos und untätig. Daher ist die Ausnutzung des aktiven Eisens bei Einphasen-Wechselstrom-Asynchronmotoren schlechter als bei Zwei- und Dreiphasenmotoren, wo das gesamte aktive Eisen voll ausgenutzt wird. Demnach wird bei einer Umwicklung eines Einphasenmotors in einen Drehstrommotor die Leistung desselben höher liegen. Umgekehrt wird die Leistung eines Drehstrommotors geringer, wenn derselbe als Einphasenmotor verwendet wird. Beide Fälle kommen in Instandsetzungswerken vor. Die Leistungsdifferenz beträgt ca. 40 — 50 %. Um einen einwandfreien Anlauf des Läufers zu erzielen, verwendet man u. a. bifilar (induktionsfrei) gewickelte Widerstände, Kondensatoren und Drosselspulen.

B. **Universalmotoren für Gleich- und Wechselstrom.**

Für elektrisch angetriebene Kleingeräte (Staubsauger, Bohnerapparate, Heißluftduschen usw.) verwendet man in der Regel sogenannte Universalmotoren, die sowohl an Gleich- als auch an Wechselstrom-Netze angeschlossen werden können. Diese Kollektormotoren besitzen Hauptschlußcharakter, d. h. der Anker und das Magnetfeld sind in Serie geschaltet. Besitzen diese Motoren nur eine Magnetwicklung (im Regelfalle trifft dieses zu), dann ist die Leistung bei Einphasenstrom nur 75 — 80 % der Gleichstromleistung. Aus diesem Grunde besitzen solche Motoren vielfach zwei getrennte Magnetwicklungen. Diejenige für Wechselstrombetrieb hat eine geringere Windungszahl als diejenige für Gleichstrombetrieb.

Das aktive Eisen dieser Motoren ist aus einzelnen Blechen zusammengesetzt. Man kann also Gleichstrommotoren, deren Magnetjoch aus Gußeisen oder Stahlguß besteht oder die nur geblechte, angeschraubte Polkerne besitzen, nicht für Einphasen-Wechselstrom umwickeln.

C. **Einphasen-Repulsionsmotoren.**

Diese Motoren besitzen einen Anker mit Kollektor, dessen Bürsten kurzgeschlossen sind. Nur die Ständerwicklung wird an die Netzspannung gelegt. Durch Verstellen der kurzgeschlossenen Bürsten kann man die Drehzahl des Läufers regulieren.

Dem Einphasen-Asynchronmotor mit Käfigläufer gegenüber hat der Repulsionsmotor den Vorteil der Regelbarkeit der Läuferdrehzahl, hohes Anzugsmoment (ca. 2,5-fach des normalen) und geringeren Anlaufstrom.

Derartige Motoren sind vielfach auch mit einem Zentrifugal-Kurzschließer ausgerüstet, um bei plötzlicher Entlastung ein „Durchgehen" des Läufers zu verhindern. Ist der Kurzschließer in Tätigkeit, dann arbeitet der Motor als normaler Asynchronmotor.

D. **Drehstrom-Kollektormotoren.*)**

Die Drehstrom-Kollektormotoren besitzen an Stelle des Schleifring- oder Käfigläufers einen Anker mit Gleichstromwicklung und Kollektor. Durch Verschieben der auf dem Kollektor schleifenden Bürsten kann die Läuferzahl reguliert werden.

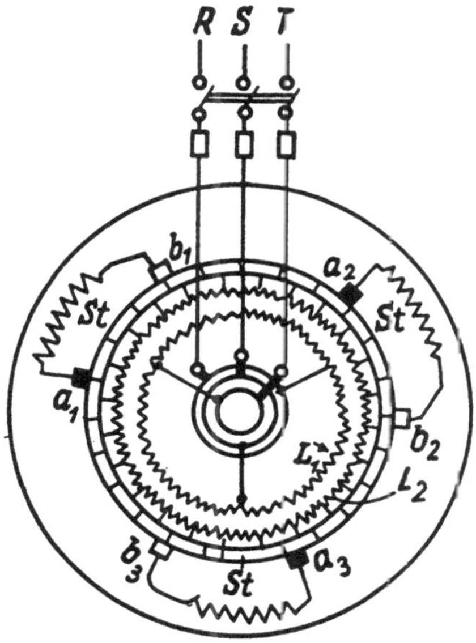

Man unterscheidet im wesentlichen läufergespeiste und ständergespeiste Drehstrom-Kollektormotoren, die überall da Verwendung finden, wo eine verlustlose und stufenlose Drehzahlregulierung gefordert wird. Eine Sonderheit stellt der Drehstrom-Repulsionsmotor dar. Hierbei erhält nur die Ständerwicklung Netzspannung. Die auf dem Kollektor verschiebbar angeordneten Bürsten sind kurzgeschlossen.

E. **Die Leistungsmessung elektrischer Maschinen. **)**

Bei der Leistungsmessung von Gleich- und Drehstrommotoren bedient man sich in der Regel des Pronyschen Zaunes oder eines Bremsbandes mit Gewichten. Die Leistung in PS ergibt sich hierbei aus der Formel:

$$PS = \frac{P \,.\, r \,.\, n}{716}$$

In dieser Formel bedeuten:

P = Gewicht in kg   r = Halbmesser der Bremsscheibe in Meter

n = Drehzahl des Läufers.

Beispiel: P = 25 kg   r = 0,3 m   n = 950.

Dann ist die abgegebene Leistung

$$\frac{250 \,.\, 0{,}3 \,.\, 950}{716} = 8{,}62 \text{ PS}$$

1 PS = 0,736 kW . 8,62 = rund 6,35 kW.

Der Wirkungsgrad ist das Verhältnis der abgegebenen zur aufgenommenen Leistung. Handelt es sich im vorstehenden Beispiel um einen

---

*) Raskop: Das Elektromaschinenbauer-Handwerk, 3. Aufl. S. 230—237 „Drehstrom-Stromwender-Motoren".

**) Raskop: Das Berechnungsbuch, 7. Auflage S. 89.

Gleichstrommotor, und nahm derselbe bei 220 Volt 34 Amp. bei der genannten Bremsbelastung auf, dann betrug die Leistungsaufnahme 220 . 34 = 7,48 kW. Demnach würde der Wirkungsgrad des beispielsweise angenommenen Motors

$$\frac{6350}{7480} = 0{,}85, \text{ also } 85\,\% \quad \text{betragen.}$$

Während man bei Gleichstrom-Leistungsmessungen an Meßinstrumenten außer der Bremsscheibe, Bremsband und Gewichte mit Volt-Amperemeter und Drehzahlmesser auskommt, benötigt man für Leistungsmessungen an Drehstrommotoren außerdem noch ein Wattmeter mit Umschalter, welches in der sogenannten Zweiwattmeter-Methode geschaltet wird.

Die Schaltung des Wattmeters in Verbindung mit dem Wattmeterumschalter und den übrigen Meßinstrumenten (Volt-Amperemeter) muß dem Meisterprüfling bekannt sein. *) Das Wattmeter besitzt eine Strom- und eine Spannungsspule. Die Klemmen der Stromspule werden mit den mittleren Klemmen (Schaltmesser) des Wattmeterumschalters verbunden. Die Spannungsspule wird an 2 Netzphasen gelegt und mit einem kleinen Umschalter verbunden, mit dessen Hilfe die Spannungsspule bei sogenanntem negativen Zeigerausschlag umgepolt werden kann. Das Amperemeter wird mit der Stromspule (dicke Klemmen) des Wattmeters in Serie geschaltet. Eine Netzphase wird an die linke obere Klemme, eine zweite Netzphase an die linke untere Klemme des Wattmeterumschalters (dieser hat 6 Klemmen) gelegt. Die rechte obere und die rechte untere Klemme des Wattmeterumschalters werden je mit einer Klemme des Motor-Ständer-Anschlußklemmbrettes verbunden.

Der Wattmeterumschalter besteht im wesentlichen aus einem 2-poligen Hebelumschalter. Die beiden oberen und unteren Klemmen desselben können durch bewegliche Kontakte geöffnet und geschlossen werden (siehe Berechnungsbuch, Seite 92).

Die Zeigerausschläge des Wattmeters werden addiert und ergeben so die Gesamtleistung. Bei Leerlauf oder geringer Belastung ist der Leistungsfaktor des Drehstrommotors sehr schlecht. Bei solchen Messungen schlägt der Zeiger des Instrumentes negativ (nach links) aus. Man muß in solchen Fällen die Spannungsspule des Wattmeters umpolen und den gemessenen Wert von dem positiven Zeigerausschlag der anderen Phase in Abzug bringen.

Der Wirkungsgrad bei Drehstrommotoren ergibt sich aus der Formel:

$$\frac{\text{abgegebene Leistung in Watt}}{\text{Wattaufnahme}}$$

*) Raskop: Das Berechnungsbuch, 7. Auflage S. 92.

Der Leistungsfaktor (cosinus phi) ergibt sich aus der Formel:

$$\text{Leistungsfaktor} = \frac{\text{Wattaufnahme}}{\text{Volt . Amper . 1,73}}$$

(Raskop: Das Berechnungsbuch, 7. Auflage S. 89 „Leistungsmessungen an Drehstrommotoren".)

Aufgaben:

Aufgabe Nr. 40 a: Beantworte die mündlichen Aufgaben Nr. 67, 68, 70, 71, 74 (Broschüre „Die Meisterprüfung im Elektromaschinenbauer-Handwerk", 4. Auflage S. 36).

Aufgabe Nr. 41 a:

Frage: Welche Hilfsmittel werden für den Anlauf eines Einphasen-Asynchronmotors angewandt?

Aufgabe Nr. 42 a:

Frage: Welche hauptsächlichsten Arten von Drehstrom-Kollektormotoren gibt es und zu welchem Zweck werden diese Motoren hergestellt?

Aufgabe Nr. 43 a: Bei der Leistungsmessung eines Gleichstrommotors 220 Volt wurde eine Bremsscheide von 40 cm Durchmesser angewandt. Bei einem Belastungsgewicht von 38 kg und einer Ankerdrehzahl von 1000 n zeigte das Amperemeter einen Strom von 42 Ampere an.

Fragen:

a) Welche Leistung hat der Motor in PS und kW abgegeben?
b) Welchen Wirkungsgrad hat der Motor?

Aufgabe Nr. 44 a: Zeichne ein Schaltschild für die Leistungsmessung eines Drehstrommotors (Bleiskizze) mit Wattmeter, Wattmeter-Umschalter, Amperemeter und Voltmeter.

Aufgabe Nr. 45 a: Bei der Leistungsmessung eines Drehstrommotors 220 Volt, 1450 n, wurden folgende Werte ermittelt:

1. Bremsscheibendurchmesser 160 mm
2. 220 Volt
3. Drehzahl = 1450 n
4. 13,8 Ampere
5. Wattaufnahme = 4550 Watt
6. Gewicht 31,5 kg.

Fragen:

a) Welche Leistung in PS und kW hat der Motor abgegeben?
b) Welchen Wirkungsgrad hat der Motor?
c) Welchen Leistungsfaktor hat der Motor bei der angegebenen Belastung?

Lösung der schriftlichen Aufgaben aus Folge VIII:

Zur Aufgabe Nr. 36a:

a) Weil das Übersetzungsverhältnis und die Schaltgruppen nicht übereinstimmen.

b) Die Primärwicklung muß zunächst für 380 Volt umgerechnet, das Ergebnis der Windungszahl je Kern um 15 % erhöht, und alsdann muß die Zick-Zack-Schaltung hergestellt werden. Demnach Windungszahl je Kern in der Sekundärwicklung:

36 . 1,73 + 15 % = 62 + 9 = 71 Windungen,
Flachdraht von 16 mm Querschnitt.

Zur Aufgabe Nr. 37a:

187,5 : 5000 = 0,0375 = 3,75 %.

Zur Aufgabe Nr. 38a:

Zur Schaltgruppe A, und zwar A2 (neue Bezeichnung Y y O).

Zur Aufgabe Nr. 39a:

a) 35 Volt — 15 % = ca. 29,75 Volt
b) 35 Volt.

Folge XI

A. Anlasser und Widerstände.*)

Es ist im Regelfall nicht Aufgabe der Instandsetzungswerke, neue Anlasser zu entwerfen, berechnen und zu bauen. Vielmehr fällt nur der Ersatz einzelner Widerstandselemente in das Gebiet des Instandsetzungsfachmannes, und dieser Ersatz kann fast immer anhand der vorgefundenen Drahtdurchmesser bzw. Drahtquerschnittes und der Länge vorgenommen werden. Wichtig ist jedoch zu wissen, daß das jeweils verwendete Widerstandsmaterial etwa denselben spezifischen Widerstand haben muß, den das vorgefundene Material aufweist. Während Nickelin einen spezifischen Widerstand von etwa 0,5 aufweist, besitzt das von der Firma Krupp hergestellte „Kruppin" einen spezifischen Widerstand von ca. 0,85, Chromnickel ca. 1,0 und Kanthal-Material sogar bis 1,45 (bei 20 ° C)

Man kann also nur dann einen Widerstand richtig berechnen, wenn man den spezifischen Widerstand des Materials (das ist der Widerstand bei 1 m Länge und 1 mm² Querschnitt) kennt. Die spezifische Strombelastung (Amp./mm²) richtet sich im wesentlichen nach dem Verwendungszweck, Bauart und nach der Kühlung des Anlassers oder Widerstandes.

*) Berechnungsbuch, 7. Auflage S. 147 — 154.

Beim Anlasser spielt also die Kühlung (Luft oder Öl), außerdem aber auch die Schalthäufigkeit und die Anlaß-Leistung (Halblast- oder Volllastanlauf) eine Rolle. Da die einzelnen Widerstandsstufen beim Anlasser nur kurzzeitig von Strom durchflossen werden, so kann man die spezifische Strombelastung bei Anlassern höher wählen als z. B. bei Vorschaltwiderständen, die dauernd eingeschaltet sind.
Beim Anlasser sind auf dem ersten Kontakt alle Stufen eingeschaltet. Hieraus erhellt, daß die letzte Stufe zeitlich am längsten unter Strom steht. Sinngemäß wird auch die spezifische Strombelastung bei den einzelnen Stufen gewählt. Z. B. kann man bei einem luftgekühlten Anlasser mit 7 Schaltstufen die spezifische Strombelastung etwa wie folgt wählen:

1. Stufe = 10 — 12 Amp./mm²	5. Stufe = 6 — 7 Amp./mm²
2. Stufe = 8 — 9 Amp./mm²	6. Stufe = 5 — 6 Amp./mm²
3. Stufe = 8 — 9 Amp./mm²	7. Stufe = 5 — 6 Amp./mm²
4. Stufe = 7 — 8 Amp./mm²	

Mit diesen Kenntnissen kann man den Ersatz einer oder mehrerer Anlasser-Widerstandselemente durchführen. — Die Herstellung eines Dauervorschaltwiderstandes kommt für Instandsetzungsfachleute schon öfter in Frage. Hierbei wäre in erster Linie die zulässige Erwärmung, der spezifische Widerstand des Materials, der Querschnitt und die Drahtlänge zu beachten. Zweckmäßig hält man sich hierbei an Tabellen, die von den Lieferanten des Widerstandsmaterials herausgegeben werden und welche in der Regel alles Wissenswerte enthalten. Bei luftgekühlten, geschützten Vorschaltwiderständen kann man die spezifische Strombelastung bis etwa 5 Amp./mm² wählen.

Je geringer die spezifische Strombelastung gewählt wird, je geringer ist die Erwärmung des Widerstandsmaterials, je länger wird aber auch der benötigte Draht und je größer werden die Abmessungen des Widerstandes. Die Drahtlänge ergibt sich aus der Formel:

$$\text{Länge} = \frac{\text{Widerstand . Querschnitt}}{\text{spez. Widerstand}}$$

Der Widerstand ergibt sich nach dem Ohmschen Gesetz $R = \frac{U}{J}$

B. **Die Aufstellung einer Wickeltabelle für einen Drehstrom-Stabläufer.***)

Die Prüfungsordnung für das Elektromaschinenbauer-Handwerk sieht im theoretischen Teil u. a. auch die Möglichkeit der Herstellung eines Schaltbildes für eine Drehstrom-Stabwicklung vor. In der Tat kommt es im Rahmen der täglichen Aufgaben des Instandsetzungsfachmannes öfter vor, daß Angaben für die Herstellung einer Drehstromläufer-

*) Das Berechnungsbuch, 7. Auflage S. 74 — 83.

Stabwicklung für den Werkstattgebrauch gemacht werden müssen. Die Zahlentabelle für die Herstellung eines solchen Schaltbildes läßt sich leicht nach folgenden Grundsätzen aufstellen, wenn man nicht von der Nutenzahl, sondern von der Stabzahl ausgeht und annimmt, daß die Bezifferung der Stäbe von der Schleifringseite aus gesehen nach rechts so geschieht, daß die ungeraden Stabzahlen oben, die geraden Stabzahlen unten in den Nuten liegen. In der Regel liegen in jeder Nute zwei Stäbe.

Die Feststellung der Wickelschritte:

Bei Dreiphasen-Stabwicklung kommen drei Wickelschritte in Frage, und zwar:

a) der Wickelschritt für die Schleifringseite
b) der Wickelschritt für die Riemenscheibenseite
c) der Wickelschritt für die Umkehrstäbe.

Diese Wickelschritte ergeben sich aus:

gesamter Stabzahl : Polzahl,

wobei die so erhaltene Zahl um 1 vergrößert bzw. um 1 verkleinert wird.

Beispiel: Gesamte Stabzahl = 144
Polzahl = 6

Dann ergeben sich die Wickelschritte zu:

$$144 : 6 = 24 <^{25}_{23}$$

Die höchste Zahl = 25 ist der Schritt für die Riemenscheibenseite, die niedrigste Zahl = 23 der Schritt für die Schleifringseite, und die dazwischenliegende Zahl 24 ist der Umkehrschritt.

Jeder der drei Stränge weist ein Drittel der gesamten Stabzahl auf, wovon wiederum die Hälfte der Stäbe im fortschreitenden Sinne, die andere Hälfte im rückschreitenden Sinne in Serie geschaltet sind.

Beispiel: Es soll eine Zahlentabelle für einen Drehstrom-Stabläufer 18 Nuten, 36 Stäbe, 6-polig, aufgestellt werden. Die Wickelschritte sind:

$$36 : 6 = 6 <^{7}_{5}$$

Auf jede Phase entfallen ein Drittel von 36 Stäben, also 36 : 3 = 12 Stäbe. Hiervon werden 6 Stäbe im fortschreitenden Sinne — Umkehrstab — und 6 Stäbe im rückschreitenden Sinne in Serie geschaltet. Wir beginnen mit Phase I.

Stab 1 + 7 = 8 + 5 = 13 + 7 = 20 + 5 = 25 + 7 = 32

und schreiben die Zahlen untereinander:

Stab → 1
8
13
20 ↓
25
32

Nun kommt der Umkehrstab I, den wir durch Addition zur Zahl 32 finden: 32 + 6 = 38 — 36 = 2 (es sind nur 36 Stäbe) —

Jetzt muß die Schrittzahl abgezogen werden, weil der zweite Umgang im rückschreitenden Sinne geschieht. Anstelle 2 — 7 rechnen wir mit 36 — 5, ziehen also die Zahl 2 von der Schrittzahl 7 (7 — 2 = 5) und diese von der totalen Stabzahl (36) ab.

2 — (36 — 5) = 31 — 5 = 26 — 7 = 19 — 5 = 14 — 7 = 7

Untereinandergeschrieben ergibt sich für Phase I folgendes Zahlenbild:

Phase I:
1
(8)
13
20
25
32
2
31
26
19
14
7 → zum Stern.

Wir können nun sofort kontrollieren, ob die Rechnung richtig ist, indem wir zum Stab 1 die Umkehr-Schrittzahl 6 hinzuzählen und diesen Stab mit dem Endstab der Phase I vergleichen. 1 + 6 = 7. Der Stab 7 ist in der Tat der Endstab der Phase I.

Um nun den Anfangsstab für Phase II zu finden, brauchen wir nur den zweiten Stab von oben (Stab 8) um 1 zu erhöhen. Phase II beginnt also mit Stab 9. Demnach ergibt sich für Phase II folgendes Zahlenbild:

Phase II: → 9
(16)
21 ↓
28
33
4 Umkehrstab
10
3 ↓
34
27
22
15 → zum Stern.

Die Nutenzahlen, in welchen die wichtigen Stäbe liegen, findet man, indem man die geraden Stabzahlen durch 2 (wenn 2 Stäbe in einer Nute liegen) teilt, die ungeraden Stabzahlen müssen um 1 erhöht und erst dann durch 2 geteilt werden.

Stab 1 liegt in Nute 1 = Anfang Phase I
Stab 7 liegt in Nute 4 = Ende Phase I
Stab 32 liegt in Nute 16 — Umkehrstab
Stab 2 liegt in Nute 1 = Umkehrstab usw.

Anhand einer solchen Zahlentabelle lassen sich die Schaltbilder leicht und fehlerlos herstellen. Für den Werkstattgebrauch genügen die Zahlenangaben und Stabbezeichnungen, bezogen auf die Nuten. Sind mehr Stäbe vorhanden, so ergeben sich mehrere nebeneinander liegende senkrechte Zahlenreihen, weil je Phase und Umgang mehr Stäbe entfallen. Man rechnet immer nur die am Beispiel gezeigten ersten Zahlenreihen. Die übrigen Reihen ergeben sich, wenn man in waagerechter Richtung die Zahl um 2 erhöht (siehe Raskop, Berechnungsbuch, Seite 74 — 83 und Tabellen 34 — 48).

Aufgaben:

Aufgabe Nr. 46a: Nach welchen Grundsätzen richtet sich der Drahtquerschnitt bei luftgekühlten Anlassern?

Aufgabe Nr. 47a: Wie hoch kann man die ungefähre spezifische Strombelastung bei den verschiedenen Stufen eines normalen luftgekühlten Anlassers wählen, wenn 6 Anlaßstufen vorhanden sind?

Aufgabe Nr. 48a: Für einen mit Silitstäben beheizten Glühofen soll ein luftgekühlter Vorschaltwiderstand angefertigt werden, mit dessen Hilfe die mit der Laeterung der Silitstäbe verbundene Widerstandserhöhung der Glühstäbe ausgeglichen werden kann. Die Silitstäbe sollen an 220 Volt angeschlossen werden und einen Strom von zirka 10 Amp. aufnehmen. Mit Rücksicht darauf, daß sich der Ohmsche Widerstand der Silitstäbe mit der Zeit der Betriebsdauer erhöht, werden diese nicht für 220 Volt, sondern z. B. für ca. 210 Volt gewählt. Anfänglich müssen also etwa 40 Volt durch einen Vorschaltwiderstand vernichtet werden, und da die Alterung der Silitstäbe, d. h. die Widerstandszunahme nur allmählich vor sich geht, muß der Vorschaltwiderstand z. B. 4 gleichwertige Stufen haben. Der Vorschaltwiderstand soll in der Nähe des Glühofens an einer Steinwand befestigt werden. Der Draht soll auf gerillte Porzellanzylinder aufgewickelt, und die Zylinder sollen in einem durch gelochte Eisenbleche geschützten Kasten eingebaut werden.

Fragen:

a) Wie groß muß der gesamte, vorzuschaltende Ohmsche Widerst. sein?

b) Welche ungefähre spezifische Strombelastung kann für die Festlegung des Drahtquerschnittes im vorliegenden Falle zugelassen werden?

c) Welcher Drahtquerschnitt kommt in Betracht?

d) Welche Drahtlänge ist erforderlich, wenn Chromnickel mit spezifischem Widerstand von = 1 gewählt wird?

e) Wieviel Widerstand entfällt auf eine der 4 Stufen?

f) Um wieviel Ohm können die Silitstäbe an Widerstand zunehmen, um noch 10 Amp. Heizstrom bei 220 Volt Betriebsspannung zu erhalten?

Anmerkung: In allen Stufen des Vorschaltwiderstandes fließt stets der annähernd gleiche Strom in Dauerbetrieb.

Aufgabe Nr. 49 a: Ein luftgekühlter Vollast Gleichstromanlasser für einen 1 PS Gleichstrommotor 440 Volt, 2,3 Amp. hat 8 Schaltstufen von:

1 Stufe	50	Ohm	5 Stufen	16	Ohm
2 Stufen	37	Ohm	6 Stufen	11	Ohm
3 Stufen	27	Ohm	7 Stufen	8	Ohm
4 Stufen	21	Ohm	8 Stufen	6,34	Ohm

Der Ankerwiderstand beträgt 17,66 Ohm, die spezifische Strombelastung je mm^2 soll betragen:

1 Stufe	= 11,7 $Amp./mm^2$	5 Stufen	= 8,15 $Amp./mm^2$
2 Stufen	= 11,7 $Amp./mm^2$	6 Stufen	= 6,0 $Amp./mm^2$
3 Stufen	= 8,15 $Amp./mm^2$	7 Stufen	= 6,0 $Amp./mm^2$
4 Stufen	= 8,15 $Amp./mm^2$	8 Stufen	= 6,0 $Amp./mm^2$

Als Widerstandsmaterial ist Rheontandraht von 0,465 spez. Widerstand gewählt worden.

Fragen:

a) Welcher Drahtdurchmesser kommt für die einzelnen Stufen in Frage?

b) Welche Drahtlängen kommen für die einzelnen Stufen in Betracht?

Aufgabe Nr. 50 a: Für einen Drehstrom-Stabläufer 12 Nuten, 24 Stäbe, 4-polig soll eine Zahlentabelle zur Anfertigung eines Schaltbildes (ohne Schaltbild) aufgestellt werden.

Lösungen der Aufgaben aus Folge IX:

Zur Aufgabe Nr. 41 a: Für den Anlauf der Einphasen-Asynchronmotoren werden bifilar (induktionsfreie) gewickelte Widerstände, Kondensatoren und Drosselspulen verwendet.

Zur Aufgabe Nr. 42 a: Es gibt läufer- und ständergespeiste Drehstrom-Kollektormotoren sowie Repulsionsmotoren. Alle diese Motoren haben den Zweck der stufenlosen und verlustlosen Drehzahlregulierung.

Zur Aufgabe Nr. 43 a:

a) Die Leistungsaufnahme beträgt 220 mal 42 = 9,24 kW, die abgegebene Leistung beträgt:

$$\frac{38 \cdot 0{,}2 \cdot 1000}{716} = 10{,}61 \text{ PS} = 7{,}80 \text{ kW}$$

b) mithin beträgt der Wirkungsgrad: $\frac{7800}{9240} = 84{,}4\,\%$.

Zur Aufgabe Nr. 45 a:

a) Die abgegebene Leistung des Motors beträgt:

$$\frac{31{,}5 \;.\; 0{,}08 \;.\; 1450}{716} = 5{,}1 \text{ PS} = 3{,}75 \text{ kW}$$

b) Der Wirkungsgrad beträgt: $\frac{3750}{4550} = 82{,}4\,\%$

c) Der Leistungsfaktor beträgt: $\frac{4550}{220 \;.\; 13{,}8 \;.\; 1{,}73} = 0{,}866$.

Anmerkung: Bei der Berechnung der Leistungsabgabe ist stets darauf zu achten, daß der Halbmesser der Bremsscheibe in Meter eingesetzt wird. Da man im Elektromaschinenbau gewohnt ist, Maße in mm anzugeben, so ist in der Regel eine Umrechnung in Meter erforderlich. Hier werden leicht Flüchtigkeitsfehler begangen. Aufgaben in der Leistungsmessung werden fast in jeder Meisterprüfung gestellt. Aus diesem Grunde ist die richtige Lösung dieser Aufgaben sehr wichtig.

Folge XII

Kostenberechnung*)

Von der Tatsache ausgehend, daß von der richtigen Kostenberechnung letzten Endes die Lebensfähigkeit eines Unternehmens abhängt, wird derselben im Rahmen der Meisterprüfung mit Recht eine erhöhte Bedeutung beigemessen. Es ist daher für den Prüfling von großem Vorteil, wenn er sich diesen Aufgaben mit besonderem Interesse zuwendet. Nach Maßgabe der Prüfungsordnung für das Elektromaschinenbauerhandwerk, Absatz 3, hat der Prüfling eine Kostenberechnungsaufgabe zu lösen. In der Regel handelt es sich hierbei um die Aufstellung eines Kostenvoranschlages, bezogen auf die Herstellung des Meisterstückes oder einer anderen, etwa gleichwertigen Arbeit. Für die Lösung dieser Aufgabe muß der Prüfling in erster Linie die Höhe seiner Geschäftsunkosten (Generalien) kennen. Die Material-Einkaufspreise und mittleren Arbeitszeiten müssen ihm geläufig sein und er muß wissen, welcher Unternehmergewinn auf die Gestehungskosten aufgeschlagen werden darf.

---

*) Siehe auch: Raskop, Die Meisterprüfung im Elektromaschinenbauer-Handwerk, 4. Auflage S. 45 — 49. Techn. Verlag H. Cram, Berlin W 35.

Eine Kostenberechnung setzt sich aus den vier Grundfaktoren:

1. Material
2. Produktive Löhne
3. Geschäftsunkosten (Generalien) in % der produktiven Löhne
4. Unternehmergewinn

zusammen.

Die Geschäftsunkosten setzen sich aus den Ausgaben zusammen, die notwendig zur Erhaltung und Fortführung des Unternehmens gemacht werden müssen, z. B.

Bürounkosten: Miete, Heizung, Beleuchtung, Reinigungsgebühr, Telefon, Porto, Gehälter, Schreibutensilien, Plakate, Kalender, Werbebriefe, Inserate, Steuern, Provisionen, Reisespesen;

Betriebsunkosten: Werkstattmiete, Beleuchtung, Heizung, Reinigungsgebühr, Instandsetzungen und Unterhaltung der Maschinen, Öl, Anstrich, Gasrechnung, Abschreibungen, Versicherungen, unproduktive Löhne, soziale Abgaben, Auto, Brennstoff, Garagenmiete, Steuern, Fehl- und Nacharbeiten usw., dazu Zinszahlungen, Verbands- und Innungsbeiträge usw. Diese Unkosten werden am Ende eines Jahres addiert und mit den im gleichen Zeitabschnitt gezahlten produktiven Löhnen in Vergleich gestellt. Die Höhe des Geschäftsunkostenzuschlages ergibt sich dann aus dem Verhältnis dieser beiden Zahlen zueinander.

Prinzip-Beispiel:

Geschäftsunkosten im Jahre 1948 . . . . DM 4200,—
gemäß Stundenzettel gezahlte produktive Löhne
im Jahre 1948 . . . . DM 2800,—

Dann beträgt der in Anrechnung zu bringende Unkostenzuschlag = 150 % der produktiven Löhne. Um diese Unkosten zu decken, sind also im vorliegenden Beispiel 150 % der jeweils für die Herstellung eines Arbeitsstückes aufgwendeten produktiven Löhne in der Kostenberechnung als Geschäftsunkosten einzusetzen.

Gestehungskosten (Selbstkosten): Die Gestehungskosten oder Selbstkosten setzen sich aus Materialkosten, produktiven Löhnen, Unkostenzuschlag zusammen.

Als Materialpreise werden die an den Lieferanten lt. Rechnung gezahlten Preise (ohne jeden Aufschlag) in die Kostenrechnung eingesetzt.

Als produktive Löhne gelten die Löhne, die gemäß Stundenzettel für die Herstellung des Arbeitsstückes aufgewandt worden sind.

Der Unternehmergewinn wird auf die Gestehungskosten in Anrechnung gebracht, und zwar beträgt die Höhe desselben etwa 10 bis 15 % der Gestehungskosten.

Prinzip-Beispiel einer Kostenberechnung für die Neuwicklung eines vierpoligen Drehstrom-Ständers, 7,5 PS, normale offene Ausführung:

a) Material:*)

13 kg Dynamodraht 2 × Bw. von 2,0 mm ⌀	11,70
1 kg Isolierlack	1,30
Preßspan, Ölleinen, Jakonnetband usw.	1,30
Löt- und Kleinmaterial	0,75
	15,05

b) Löhne:*)

Alte Wicklung entfernen, Ständer saubermachen, neu isolieren: 3 Stunden je DM 0,75	2,25
6 Gruppen einlegen, teilweise umbandeln, schalten, imprägnieren 18 Stunden je DM 1,—	18,—
Montage und Prüfarbeiten 4 Stunden je DM 1,—	4,—
	24,25

c) Unkostenzuschlag: 150 % der produktiven Löhne 36,38

Gestehungskosten somit:

Material	15,05
Löhne	24,25
Unkostenzuschlag	36,38
	75,68
Unternehmergewinn: 15 % von 75,68 = ...	11,34
	87,02
Abzügl. 12 kg Altkupfer zu je 0,20 —	2,40
	84,62 = Rechnungsbetrag.

Demnach kostet die Neuwicklung etwa DM 84,—. Da die Materialkosten für eine bestimmte Leistung und Drehzahl bezogen auf einen bestimmten Fall das Endergebnis einer Kostenberechnung nicht unterschiedlich beeinflussen können, so müssen etwaige Preisunterschiede nur auf die Anzahl der jeweils aufgewandten Arbeitsstunden, auf die Höhe der Löhne und auf die Höhe der Generalien zurückgeführt werden. Die Fertigkeit der Wickler, die Arbeitsmethode und die Hilfsmittel (z. B. Träufelwicklung durch Anwendung einer Mehrfach-Spulenschablone), aber auch die Verschiedenheit der Löhne in den einzelnen Wirtschaftsgebieten des Bundes bedingen gewissen Preisschwankungen, die aber nicht bedeutend sind. Nennenswerte Unterschiede in den Preisangeboten sind fast ausschließ-

*) Die Werkstoff- und Lohnkosten sind nach Maßgabe der jeweils gültigen Tagespreise und Stundenlöhne (Zeitlöhne in Stundenlöhne umrechnen) einzusetzen.

lich auf Unkenntnis betr. Höhe der Geschäftsunkosten, also auf mangelhafte Kostenberechnungen zurückzuführen. Die Höhe der Geschäftsunkosten beträgt in Reparaturwerkstätten elektrischer Maschinen etwa 125 — 175 % bezogen auf die produktiven Löhne. Man darf aber diesen Unkostensatz nicht einfach schätzen, sondern es wird im Falle einer Rückfrage des Finanzamtes oder in Rechtsstreitigkeiten der buchmäßige Nachweis über die Höhe der Geschäftsunkosten verlangt.

Aufgaben:

Aufgabe Nr. 51 a: Auf welchen Faktoren baut sich die Kostenberechnung in Instandsetzungswerkstätten auf?

Aufgabe Nr. 52 a: Was versteht man:
a) unter Selbstkosten?
b) unter Geschäftsunkosten?
c) unter produktiven Löhnen?
d) unter unproduktiven Löhnen:

Aufgabe Nr. 53 a: Wieviel Prozent der Gestehungskosten beträgt etwa der Unternehmergewinn?

Aufgabe Nr. 54 a: Stelle eine Kostenberechnung über die Neuwicklung eines 10-poligen Drehstrom-Ständers (600 n), 12,5 PS, 380/220 Volt, normale offene Ausführung, auf, Kupfergewicht = ca. 30 kg, Draht 2,8 mm ϕ.

Aufgabe Nr. 55 a: Stelle eine Kostenberechnung über die Neuwicklung eines Ständers für einen 5-PS-Einphasen-Wechselstrom-Asynchronmotor, 4-polig, 1500 n, normale offene Ausführung auf, Kupfergewicht = ca 10 kg.

Aufgabe Nr. 56a: Stelle eine Kostenberechnung für die Neuwicklung eines Gleichstrom-Ankers, 10 PS, 1500 n, 440 Volt, 4-polig, 45 Nuten, 135 Teilspulen, Schablonenwicklung auf, Kupfergewicht = ca. 8 kg.

Lösungen der schriftlichen Aufgaben aus Folge X:

Zur Aufgabe Nr. 46 a:

Nach der zulässigen spezifischen Strombelastung, nach der Anlaufleistung, Schalthäufigkeit und nach den Kühlverhältnissen.

Zur Aufgabe Nr. 47 a:

Die spezifische Strombelastung kann etwa betragen:

1 Stufe	= 12 Amp./mm²	4 Stufen	= 8 Amp./mm²
2 Stufen	= 10 Amp./mm²	5 Stufen	= 7 Amp./mm²
3 Stufen	= 9 Amp./mm²	6 Stufen	= 6 Amp./mm²

Zur Aufgabe Nr. 48 a:

a) Da insgesamt durch den Vorschaltwiderstand 40 Volt bei 10 Ampere vernichtet werden sollen, muß der vorzuschaltende Widerstand

$$40 : 10 = 4 \text{ Ohm}$$

betragen.

b) Mit Rücksicht auf die Anordnung (an einer Steinwand) des Vorschaltwiderstandes und bei der guten Luftkühlung desselben kann man die spezifische Strombelastung des Widerstandsdrahtes mit 6 Ampere annehmen.

c) Der Drahtquerschnitt beträgt alsdann:

10 : 6 / 1,666 mm²

d) Die Drahtlänge ergibt sich zu:

$$\text{Länge} = \frac{4\ .\ 1{,}7672}{1} = 7{,}069 \text{ Meter}$$

e) 4 : 4 = 1,00 Ohm.

f) Um 4 Ohm können die Silitstäbe an Widerstand zunehmen. Ursprünglich betrug der Stabwiderstand 180 : 10 =18 Ohm, zum Schluß kann der Widerstand der Stäbe also 18 + 4 = 22 Ohm betragen. Dann fließen noch 220 : 22 = 10 Ampere. Wird der Widerstand der Stäbe höher, dann sinkt auch der Strom, und im Glühraum wird nicht mehr die erforderliche Temperatur erreicht.

Zur Aufgabe Nr. 49 a:

a) Für die einzelnen Stufen kommen folgende Drahtdurchmesser in Frage:

Stufe 1 = 0,5 mm ⌀	Stufe 5 = 0,6 mm ⌀
Stufe 2 = 0,5 mm ⌀	Stufe 6 = 0,7 mm ⌀
Stufe 3 = 0,6 mm ⌀	Stufe 7 = 0,7 mm ⌀
Stufe 4 = 0,6 mm ⌀	Stufe 8 = 0,7 mm ⌀

b) Für die Stufen kommen folgende Drahtlängen in Betracht:

1 Stufe = 21,1 m	5 Stufen = 9,75 m
2 Stufen = 15,60 m	6 Stufen = 9,10 m
3 Stufen = 16,40 m	7 Stufen = 6,61 m
4 Stufen = 12,75 m	8 Stufen = 5,25 m

Zur Aufgabe Nr. 50 a:

Phase I: Stab	Phase II: Stab	Phase III: Stab
1	9	17
8	16	24
13	21	5
20	4	12
←	←	←
2	10	18
19	3	11
14	22	6
7 Stern →	15 Stern →	23 Stern →

Folge XII a

Die Bestimmung der Riemenscheibendurchmesser

Die Berechnung der Riemenscheibendurchmesser bei Kraftübertragungen durch Riemen gehört mit zu den alltäglichen Aufgaben des Elektro-Maschienenbauer-Meisters. Der einfache Rechnungsgang ist hierbei etwa folgender. Wenn

Dm = Riemenscheibendurchmesser des Motors
Dt = Riemenscheibendurchmesser der Transmission
n = die Drehzahl in der Minute des Motors
nl = die Drehzahl in der Minute der Transmission

ist, so ist:

$$Dt = \frac{n \,.\, Dm}{n\,l} \qquad Dm = \frac{n\,l \,.\, Dt}{n}$$

Beispiel 1: Einfacher Antrieb

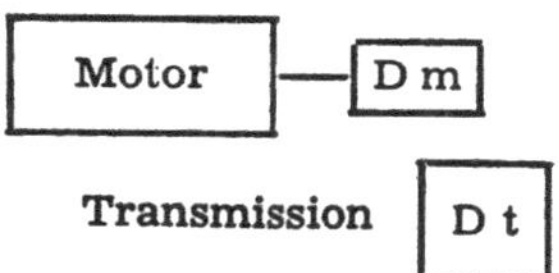

Motordrehzahl = 1000, ∅ der Motorriemenscheibe = 100, geforderte Drehzahl der Transmission = 200 in der Minute, dann muß der theoretische Scheibendurchmesser der Transmission

$$Dt = \frac{1000 \,.\, 100}{200} = 500 \text{ mm} = 0{,}5 \text{ Meter}$$

betragen. Ist die Drehzahl und der Scheibendurchmesser der Transmission gegeben, so findet man den Scheibendurchmesser des Motors aus:

$$Dm = \frac{n\,l \,.\, Dt}{n}$$

Beispiel 2:

Scheibendurchmesser der Transmission = 500 mm,
Drehzahl der Transmission = 200 n, Drehzahl des Motors = 1000 n.
Dann muß der theoretische Scheibendurchmesser des Motors

$$Dm = \frac{200 \,.\, 500}{1000} = 100 \text{ mm}$$

betragen.

Riemenschlupf: Da der Riemen betriebsmäßig immer etwas gleitet, so muß hierauf bei der Berechnung der Scheibendurchmesser Rücksicht genommen werden. Man rechnet für den Riemenschlupf etwa 5 %.

Beispiel 3: Soll die Transmission 200 n in der Min. laufen, so ist der in der Formel einzusetzende Wert auf 210 Umdr. in der Min. zu erhöhen.

Im Beispiel 1 muß also der Scheibendurchmesser anstatt = 500 mm

$$D = \frac{1000 \cdot 100}{210} = \text{ca. } 475 \text{ mm}$$ gewählt werden, damit trotz

des Riemenschlupfes die Transmission ca. 200 n in der Minute läuft.
Übersetzungsverhältnis: Das Übersetzungsverhältnis, d. h. das Verhältnis des Scheibendurchmessers soll möglichst 1 : 5 nicht überschreiten, d. h. der Scheibendurchmesser der Transmission soll nicht mehr als 5 mal so groß wie der Scheibendurchmesser des Motors sein, weil sonst die Übersetzungsverluste zu groß werden. Wird in einem gegebenen Falle das Übersetzungsverhältnis zu ungünstig, also größer als 1 : 5, so kann man eine Riemenspannrolle oder ein Vorgelege anwenden.

Vorgelege: Beispiel 4: Mit Zwischenvorgelege:

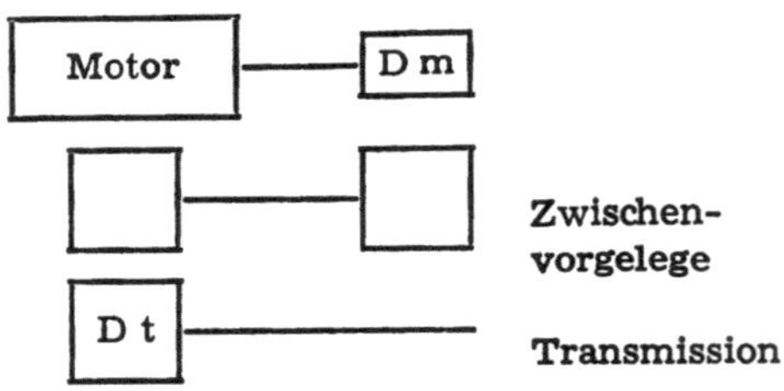

Motordrehzahl=1500, Ø der Motor-Scheibe = 300 mm, geforderte Drehzahl der Transmission = 150 n, dann müßte die Scheibe der Trans mission einen Durchmesser von

$$\frac{1500 \cdot 300}{150} = 3000 \text{ mm oder } 3 \text{ Meter}$$

haben und das Übersetzungsverhältnis würde 1 : 10 betragen. Hier wendet man in der Regel ein Zwischen-Vorgelege an. Wählt man beispielsweise den Durchmesser der Antriebsscheibe des Zwischen-Vorgeleges 5 mal so groß als die Motorriemenscheibe, so beträgt die Drehzahl der Vorgelegewelle

$$\frac{1500 \cdot 300}{1500} = 300 \text{ Umdrehungen in der Minute.}$$

Von hier aus kann man nun sehr leicht die Scheibendurchmesser so wählen, daß die Transmission 150 Umläufe in der Minute macht. Wählt man z. B. die von der Zwischen-Vorgelegewelle angetriebene Scheibe mit 500 mm Ø, so beträgt der Scheibendurchmesser der Transmission

$$\frac{300 \cdot 500}{150} = 1000 \text{ mm } \varnothing \text{ oder } 1 \text{ Meter.}$$

Unter Berücksichtigung des Riemenschlupfes, in diesem Falle von ca. 10 %, würde der Scheibendurchmesser der Transmission etwa

$$\frac{300 \cdot 500}{165} = 910 \text{ mm } \varnothing \text{ betragen.}$$

Aufgaben:

Aufgabe Nr. 57 a: Ein Eelektromotor soll eine Transmission antreiben. Die Daten des Motors:

a) Scheibendurchmesser = 125 mm
b) Drehzahl des Motors = 1450 n

Die Drehzahl der Transmission soll 400 n in der Minute betragen.

Fragen: Welcher Scheibendurchmesser muß für die Transmission gewählt werden, wenn ein Riemenschlupf von 5 % angenommen wird?

Aufgabe Nr. 58 a: Ein Elektromotor soll eine Transmission antreiben. Der Scheibendurchmesser dieser Transmission beträgt 800 mm. Die Drehzahl derselben beträgt 250 n. Die Drehzahl des Motors beträgt = 800 i. d. Min.

Frage: Welchen Durchmesser muß die Motor-Riemenscheibe erhalten, damit die Transmission bei 5% Riemenschlupf eine Drehzahl von 250 n erhält?

Aufgabe Nr. 59 a: Zum Antrieb einer Transmission steht ein Motor mit folgenden Daten zur Verfügung:

a) Drehzahl in der Minute = 1450
b) Motor-Riemenscheibendurchmesser = 250

Die Transmission soll eine Drehzahl von 80 n in der Minute haben. Es soll ein Zwischen-Vorgelege eingeschaltet werden.

Fragen:

a) Welchen Scheibendurchmesser erhält die vom Motor angetriebene Scheibe des Zwischenvorgeleges, wenn die Drehzahl der Vorgelegewelle 300 n machen soll?
b) Welchen Scheibendurchmesser erhält die Scheibe des Vorgeleges, welche die Transmission antreibt?
a) Scheibendurchmesser ≑ 125 mm

Anmerkung: Es ist ein totaler Riemenschlupf von 10 % angenommen.

Folge XIII

Theoretische Vorprüfung gemäß Prüfungsordnung

Fachkenntnisse:

A. mündlich (Elektromaschinenbau)

Aufgabe Nr. 1: Nenne die verschiedenen Elektromaschinenarten und ihr Anwendungsgebiet.

Aufgabe Nr. 2: Nenne das Ohmsche Gesetz in den 3 Abwandlungen.

Aufgabe Nr. 3: Nenne die gebräuchlichsten Wicklungsarten der Gleichstromanker und ihre Merkmale.

Aufgabe Nr. 4: Mit welcher ungefähren Prüfspannung muß der Ständer eines Drehstrommotors 500 Volt geprüft werden?

Aufgabe Nr. 5: Was versteht man unter Leistungsfaktor und Wirkungsgrad?

Aufgabe Nr. 6: Wieviel % des Nennstromes beträgt ungefähr der Leerlaufstrom eines normalen Drehstrommotors?

B. mündlich (Meßkunde)

Aufgabe Nr. 1: Wie kann man den Ohmschen Widerstand der Nebenschlußwicklung eines Gleichstrommotors bestimmen?

Aufgabe Nr. 2: Wie kann man die Leistungsaufnahme in kW bei einem Gleichstrommotor bestimmen?

Aufgabe Nr. 3: Welche Meßinstrumente gehören zu einem vollständigen Prüffeld in Instandsetzungswerken elektrischer Maschinen?

Aufgabe Nr. 4: Mit welchen Instrumenten mißt man die Spannung und den Strom bei einem 5000 Volt Drehstrommotor?

Aufgabe Nr. 5: Welche Meßinstrumente und Hilfsmittel sind für die Leistungsmessung eines Drehstrommotors notwendig?

Aufgabe Nr. 6: Wie bestimmt man den Leistungsfaktor bei einem Drehstrommotor?

C. schriftlich (Elektromaschinenbau)

Aufgabe Nr. 1: Ein Drehstrom-Kurzschlußläufer-Motor 2 PS 1,47 kW, 380/220 Volt, 2850 n (2-polig) soll in Verbindung mit einem Stern/Dreieckschalter an ein 380 Volt Dreiphasen-Netz angeschlossen werden. Die vorgefundenen Wickeldaten des Ständers lauten:

Ständer: 24 Nuten, je Nute 45 Drähte von 1,3 mm ⌀, je Phase zwei Gruppen in Serie, Sternschaltung bei 380 Volt. Drahtquerschnitt 1,3 mm ⌀ = 1,3273 mm^2

Fragen:

a) Welche Drahtzahl muß der Ständer erhalten?

b) Welchen Drahtquerschnitt muß der Ständer erhalten?

Aufgabe Nr. 2: Ein Drehstrom-Generator AEG, Type ESD 600/200, 230 Volt, Sternschaltung, 200 kVA, 600 n soll für eine Spannung von 380 Volt hergerichtet werden. Das Kupfergewicht der Ständerwicklung beträgt ca. 155 kg.

Fragen:

a) Was muß an dem Generator umgewickelt werden?

b) Was kostet die Neuwicklung gemäß einer ordnungsmäßigen Kostenaufstellung?

Aufgabe Nr. 3: Ein Einphasen-Trafo 12 kVA,

11000 Volt primär, 240 Volt sekundär
primär: 4630 Windungen, Draht 1,05 mm ϕ = 0,83 qmm
sekundär: 100 Windungen Flachdraht 10,5 mal 3 mm
Kupfergewicht: 37 kg für beide Wicklungen
soll für folgende Spannungsverhältnisse umgewickelt werden:
primär: 220 Volt, sekundär: 10 Volt.

Frage: Welche Wickeldaten muß der Trafo erhalten?

Aufgabe Nr. 4: Ein Gleichstrommotor 5 PS 220 Volt, 1220 n, 20 Amp. soll für eine Ankerdrehzahl von ca. 1600 umgewickelt werden. Daten des Ankers bei 1220 n 33 Nuten, 99 Lamellen, Wickelschritt 1 : 9, Kollektorschritt 1 — 50, Leiter je Nute = 24, Drahtzahl je Nute = 48 (2 parallel) Drahtdurchmesser = 1,1 = 0,95 mm²

Fragen:

a) Welche Leistungsabgabe hat der Motor nach der Umwicklung?

b) Welche Wickeldaten erhält der Anker?

c) Welche Wicklungsart hat der Anker und wieviel parallele Stromzweige sind in derselben vorhanden?

Aufgabe Nr. 5: Ein Kollektor ohne Fahnen soll neu belegt werden.

Rohmaße:

Außendurchmesser = 240 mm, Innendurchmesser = 140 mm,
Länge = 120 mm, Lamellenzahl = 143,
Mikanit-Zwischenlagen = 0,6 mm stark,
Rohgewicht des Kupfers = ca. 38 kg.

Fragen:

a) Welche Maße müssen dem Lieferwerk aufgegeben werden?

b) Was kostet die Neubelegung?

Anmerkung: In den Rohmaßen ist die Zugabe für die Bearbeitung enthalten.

Aufgabe Nr. 6: Die Leistungsmessung eines Drehstrommotors mit Hilfe einer Bremsscheibe und Gewichten ergab folgende Werte:

Spannung: 380 Volt, Halbmesser der Bremsscheibe: 0,20 Meter (Radius der Scheibe in Meter), Belastungsgewicht: 110 kg, Stromaufnahme: 44 Amp., Drehzahl: 1000 n in der Minute, Wattaufnahme = 260 325 Watt.

Fragen:

a) Welche Leistung wurde von dem Motor abgegeben?

b) Welchen Wirkungsgrad hat der Motor bei dieser Belastung?

c) Welchen Leistungsfaktor hat der Motor bei dieser Belastung?

Aufgabe Nr. 7: Für die Herstellung einer Drehstrom-Stabläuferwicklung 36 Nuten, 72 Stäbe, 1000 Umdr. in der Minute, 4-polig, sind die erforderlichen Werkstattangaben zu machen, und zwar:

a) Errechnung der Wickeltabelle mit gekürzten Angaben über Wickelschritt, Lage der Anfänge und Enden, sowie der Umkehrverbindungen, bezogen auf die Nutenzahl.

b) oder die Aufzeichnung des kompletten Wickelschemas vorzunehmen (Bleistiftskizze), oder

es ist ein Schaltbild über die Anordnung der Meßinstrumente für eine Drehstrom-Leistungsmessung anzufertigen, oder

es ist ein Schaltbild über eine Gleichstromanker-Schleifenwicklung, 2-polig, 8 Nuten, 16 Lamellen anzufertigen.

Anmerkung: Die vorstehenden Aufgaben sollen ohne jegliche Hilfsmittel (Bücher, Tabellen, Listen usw.) gelöst werden. Die so gefundenen Lösungen ergeben ein Bild darüber, wie weit der Prüfling für die theoretische Fachprüfung vorbereitet ist und wie die endgültige Fachprüfung bei der zuständigen Handwerkskammer ausfallen würde. Wenn die Lösung der einen oder anderen Frage Schwierigkeiten bereitet, so wird empfohlen, diese Aufgaben zu überschlagen und zuerst diejenigen Aufgaben zu lösen, die dem Prüfling jeweils geläufiger sind. Für die Lösung der 6 — 7 schriftlichen Aufgaben wird von der Prüfungskommission in der Regel eine Zeit von 1½ — 2 Stunden eingräumt. Es wird daher empfohlen, die für die Lösung der schriftlichen Aufgaben benötigte Zeit festzustellen und am Schlusse der Lösungen zu vermerken.

Lösungen der schriftlichen Aufgaben aus Folge XI:

Zur Aufgabe 51 a: Die Kostenberechnung baut sich auf den Faktoren: Material, produktive Löhne, Geschäftsunkosten, Unternehmergewinn auf.

Zur Aufgabe 52 a:

a) Unter Selbstkosten versteht man: Materialkosten, produktive Lohnkosten, Geschäftsunkosten = Selbstkosten.

b) Unter Geschäftsunkosten versteht man sämtliche Ausgaben, die für die Unterhaltung und Fortführung des Unternehmens ausgegeben werden müssen, dem Kunden aber nicht als produktive Arbeitsleistung in Rechnung gestellt werden können.

c) Unter produktive Löhne versteht man diejenigen Löhne, die unmittelbar für die Ausführung einer Arbeit und im Auftrage des Kunden aufgewandt werden.

d) Unter unproduktive Löhne versteht man die Löhne, welche für Leerlauf-Nacharbeiten und Bereitschaftsdienst ausgegeben werden.

Zur Aufgabe 53a: Der Unternehmergewinn beträgt etwa 10 — 15 % der Gestehungskosten (Reingewinn).

Zur Aufgabe 54a: Die Kostenberechnung*) für die Neuwicklung eines 10-poligen Drehstromständers 12,5 PS, 380/220 Volt, 600 n sieht etwa folgendermaßen aus:

1. Material:

ca. 30 kg Dynamodraht 2,8 mm ⌀ à DM 1,—	DM 30,—
ca. 3 kg Isolierlack à DM 1,50	DM 4,50
ca. 3 Rollen Jakonettband à DM 1,80	DM 5,40
Preßspan, Ölleinen, Kordel	DM 2,30
Löt- und Kleinmaterial	DM 1,50
	DM 43,70

2. Löhne:

15 Gruppen einlegen, teilweise umbandeln, schalten 50 Std. à DM 1,— (löten und isolieren)	DM 50,—
alte Wicklung entfernen, Ständer sauber machen, isolieren = 3½ Stunden	DM 3,50
Imprägnieren und trocknen 2 Stunden	DM 2,—
Zusammenbau und Prüfung im Leerlauf 3 Stunden	DM 3,—
	DM 58,50

3. Geschäftsunkosten:

150 % der produktiven Löhne	DM 87,75

4. Selbstkosten:

Material	= DM 43,70
Löhne	= DM 58,50
Geschäftsunkosten	= DM 87,75
	DM 189,95

*) Werkstoffpreise und Löhne sind nach den jeweils gültigen Preisen und Löhnen einzusetzen.

5. Unternehmergewinn: 15 % der Gestehungskosten = DM 28,50

Zusammenstellung:

Löhne	=	DM 58,50
Material	=	DM 43,70
Geschäftsunkosten . .	=	DM 87,75
Unternehmergewinn .	=	DM 28,50
		DM 218,45
ab 28 kg Altkupfer à DM —,20 . .	=	DM 5,60
		DM 212,85

Zur Aufgabe 55a: Die Neuwicklungskosten für den Ständer eines 5 PS Einphasen-Asynchronmotors verhalten sich wie etwa diejenigen für einen Drehstromständer 7,5 PS gleicher Polzahl und Ausführung.

1. Material:

12,1 kg Dynamodraht à DM 1,10	DM 13,30
1,3 kg Isolierlack à DM 1,50	DM 1,95
Preßspan, Jakonettband, Ölleinen	DM 1,20
Löt- und Kleinmaterial	DM —,90
	DM 17,35

2. Löhne:

alte Wicklung entfernen, Ständer sauber machen und isolieren, $1^1/_2$ Stunden à DM 1,—	DM 1,50
8 Gruppen einlegen, teilweise umbandeln, schalten und löten 19 Stunden à DM 1,—	DM 19,—
imprägnieren und trocknen $^1/_2$ Stunde	DM —,50
Zusammenbau und Prüfen $1^1/_2$ Stunde	DM 1.50
	DM 22,50

3. Geschäftsunkosten:

150 % der produktiven Löhne . . . . DM 33,75

4. Selbstkosten:

Material	=	DM 17,35
Löhne	=	DM 22,50
Geschäftsunkosten	=	DM 33,75
		DM 73,60

5. Unternehmergewinn: 15 % der Selbstkosten . = DM 10,95

6. Rechnungswert:

Rechnungswert:	=	DM 73,60
	+	DM 10,95
		DM 84,55
ab 12 kg Altkupfer à DM —,20 . .	=	DM 2,40
		DM 82,15

Zur Aufgabe 56 a: Kostenberechnung*) für die Neuwicklung eines 10 PS Gleichstrom-Ankers 1500 n, 440 Volt, 4-polig:

1. Material:

8 kg Dynamodraht à DM 1,35	DM 10,80
Preßspan, Ölleinen, Hohlschlauch	DM 11,40
Jakonettband 3 Rollen à DM 1,60	DM 4,80
1,5 kg Isolierlack à DM 1,50	DM 2,25
Nutendeckhölzer	DM —,80
Bandagendraht, Löt- und Kleinmaterial	DM 1,90
	DM 31,95

2. Löhne:

Anker auslöten, Abreißen, reinigen und isolieren 3½ Std.	DM 3,50
45 Formspulen umbandeln und wickeln 16 Std. à DM 1,—	DM 16,—
Spulen einbauen, schalten, Kollektor löten, Anker bandagieren, 14 Std. à DM 1,—	DM 14,—
Kollektor abdrehen ¾ Std. à DM 1,—	DM —,70
Anker imprägnieren und trocknen ½ Std.	DM —,50
Anker einbauen, prüfen 1½ Std.	DM 1,50
	DM 36,20

3. Geschäftsunkosten:

150 % der produktiven Löhne	DM 54,30

4. Selbstkosten:

Material . . . . =	DM 31,95
Löhne . . . . =	DM 36,20
Geschäftsunkosten . . . . . . =	DM 54,30
	DM 122,45

5. Unternehmergewinn: 15 % der Gestehungskosten = DM 18,38

	DM 140,83
ab 7 kg Altkupfer à DM —,20 . . =	DM 1,40
	DM 139,40

*) Werkstoffpreise und Löhne sind nach den jeweils gültigen Preisen und Löhnen einzusetzen.

Theoretische Meisterprüfung im Elektromaschinenbauerhandwerk

Lösungen zu C (schriftlich) aus Folge XIII:

Aufgabe 1:

Der Ständer des Motors muß für Dreieckschaltung bei 380 Volt 50 Hz anhand der vorgefundenen Ursprungsdaten umgewickelt werden. Die Wicklung ist theoretisch für 660 Volt-Sternschaltung auszulegen. Das Spannungsverhältnis 660/380 Volt ist = 1,73.

Antwort:

a) Die vorgefundene Leiterzahl = 45 Leiter/Nute, muß daher mit 1,73 multipliziert werden
1,73 · 45 = **66 Leiter/Nute bei 380 Volt Dreieck**

b) Der vorgefundene Leiterquerschnitt = 1,3273 mm^2 muß durch 1,73 geteilt werden
1,3273 : 1,73 = **0,767 mm^2** = ca. **1,0 mm, Φ L**

Aufgabe 2:

Antwort:

a) Der Ständer des Generators muß von 230 auf 380 Volt umgewickelt werden. Das Polrad bleibt unverändert.

b) Die Wicklungskosten betragen etwa:

Angenommen: Einschicht-Zweiebenen-Wicklung mit Mehrfachspulen ungl. Weite 16 Spulengruppen, Dreilochwicklung, Hand-Einlegewicklung, 90 Nuten.

I) **Werkstoffaufwand:**

	DM
180 kg Dynamodraht-Profillitze 1 x Bw. umsp. und umklöppelt	427,—
90 Nutenisolationen Preßspan/Folieneinlage	44,—
Jakonettband	18,50
90 Nutenverschlußkeile	14,—
Hohlschläuche	5,10
Lötmaterial, Isoliermaterial f. Anschlüsse und Lötstellen	8,75
6 kg Isoliertränklack	29,10
2,5 kg Überzugslack	18,50
Sonstiges	8,50
	DM 573,45

II) **Produktive Löhne:**

	DM
Ständer isolieren (90 Nutenisolationen)	11,—
15 Dreifachspulen von Hand einwickeln, umbandeln, schaltfertig machen	265,--
Lohn für Hilfskräfte	86,50
Wicklung schalten u. Klemmbrettverbindungen herstellen	16,80
Wicklung imprägnieren	25,20
Prüffertiger Zusammenbau und Prüfen	28,80
	DM 433,30

III) **Geschäftsunkosten:**

210 % der produktiven Löhne . . . . **DM 909,93**

IV) **Gestehungskosten:**

	DM
Werkstoffe	573,45
Löhne	433,30
Geschäftsunkosten	909,93
	DM 1916,68
zuzügl. 15 % Unternehmergewinn von den Gestehungskosten . .	285,49
	DM 2202,17

Aufgabe 3:

a) Die Wickeldaten für 220 Volt (100 Wdg. Flachdraht 10,5 mm) können bestehen bleiben.

b) Das Übersetzungsverhältnis ist 220 : 10 = 22. Die Windungszahl für die Sekundärwicklung (10 Volt) beträgt daher

100 : 22 = 4,54 abgerundet **5 Wdg.**

Der Querschnitt der Sekundärwicklung ergibt sich aus dem Leiterquerschnitt der neuen Primärwicklung (220 Volt) zu

$10{,}5 \cdot 3 = 31{,}5 \cdot 22 = 69{,}3$ mm²

c) **Zusammenfassung der neuen Wickeldaten:**

Primär: 100 Wdg., Flachdraht $10{,}5 \cdot 3$ mm

Sekundär: 5 Wdg., Flachdraht 69,3 mm² ϕ

Aufgabe 4:

a) Die Leistungabgabe steigt etwa im Verhältnis der Drehzahlen

1600/1220 = 1,31 · 5 PS = ca. 6,55 PS

b) Der Wickel- und Kollektorschritt bleibt unverändert wie bisher, desgl. die Nebenschlußwicklung. Die Leiterzahlen/Nute ergeben sich aus dem Verhältnis der Drehzahlen 1220/1600 = **0,762**

Die neue Leiterzahl/Nute für 1600 n/min ergibt sich aus:

Die bisherige Leiterzahl = 24/Nute ist mit der Zahl 0,762 zu multiplizieren = 24 · 0,762 = **18,28 Leiter/Nute.**

Da Dreifach-Formspulen vorliegen, muß die Leiterzahl durch 6 teilbar sein. Gewählt wird daher

18 Leiter/Nute

Der Leiterquerschnitt wird um das Drehzahlverhältnis

1600 · 1220 = **1,31**

stärker, also bisher 0,95 mm² · 1,31 = **1,2445 mm²**
wenn wieder je Leiter 2 Drähte gewählt werden. Diesem Querschnitt entspricht ein Drahtdurchmesser von etwa 1,25 mm ∅.

Zusammenfassung der neuen Ankerwickeldaten:

Je Nute 18 Leiter, je Leiter 2 Drähte parallel, Draht 1,25 mm ∅, Wikkelschritt 1—9, Kollektorschritt 1—50.

c) Der Anker erhält eine 4-polige Reihenwicklung, bestehend aus 33 Dreifach-Formspulen. Die Zahl der parallelen Ankerzweige ist = 2.

Die theoretische Schulung der Elektromaschinenbauer-Lehrlinge während einer 3½jährigen Meisterlehre

Entwurf[1])

eines Berufs-Ausbildungsplanes für die Berufsschulen der Elektromaschinenbauer-Lehrlinge

1. Lehrjahr:

1. Halbjahr
Stoffgebiet

1. Technische Naturlehre (Grundzüge)
   a) Die drei Aggregatzustände: fest, flüssig, gasförmig
   b) Wärmequellen, Wärmeerzeugung, Wärmemessung, Körperausdehnung durch Wärme, Schrumpfung durch Kälte, Siede- und Schmelzpunkte, Gefrierpunkte
2. Elektrotechnik
   Spannung, Strom, Widerstand
   Das Ohmsche Gesetz. Elektromagnet
3. Gleich- und Wechselstrom
4. Meßgeräte für Strom-, Spannungs- und Widerstandsmessungen (Strom-, Spannungs- und Widerstandsmesser)
5. Werkstoffkunde[2])
   a) Gußeisen, Schmiedeeisen, Stahlguß, Stahl
   b) Kupfer, Aluminium
6. Allgemeines
   Führung des Werkstatt-Wochenbuches[3]), Fachausdrücke, Rechtschreibung

2. Halbjahr
Stoffgebiet

1. Technische Naturlehre (Grundzüge)
   a) Wärmeleitfähigkeit, Wärmeabgabe bei hellen und dunkelfarbigen Körpern
   b) Das spezifische Gewicht
   c) Der spezifische Widerstand der Leitermetalle, Leitfähigkeit der Metalle
2. Elektrotechnik
   a) Leistung, Wirkleistung, Scheinleistung, Blindstrom, Wirkungsgrad, Leistungsfaktor
   b) Wärmeerzeugung durch elektrischen Strom
3. Elektromaschinenbau
   a) Die erste deutsche dynamoelektrische Maschinen von Werner Siemens und ihre Bedeutung für die Deutsche Elektrizitätswirtschaft
   b) Die verschiedenen Arten der Gleichstrommaschinen, deren Aufbau und Wirkungsweise. Hauptschluß-, Nebenschluß-, Doppelschluß- und Wendepolmaschinen (Motoren und Generatoren)
4. Werkstoffkunde
   a) Rotguß, Messing, Zinn, Blei
   b) Dynamodrähte aus Kupfer und Aluminium
   c) Petroleum, Benzol, Benzin
5. Allgemeines
   Führung des Werkstatt-Wochenbuches, Fachausdrücke, Rechtschreibung

---

[1]) Als Vorschlag ausgearbeitet von Civ.-Ing. Fritz Raskop, Krefeld.
[2]) Siehe Fachzeitschrift „EMA": Werkstoffkunde.
[3]) Siehe Fachzeitschrift „EMA": Heft 7/1940.

2. Lehrjahr:

Elektromaschinenbau

1. Aufbau und Wirkungsweise der verschiedenen Arten von Wechselstrommaschinen
   a) Synchron- und Asynchron-, Ein- und Mehrphasen-Wechselstrommaschinen (Motoren und Generatoren)

Elektromaschinenbau

1. Die Krankheiten (Fehlerbestimmung) an elektrischen Maschinen, deren Feststellung und Beseitigung
   a) bei Gleichstrommaschinen
   b) bei Wechsel- und Drehstrommaschinen[1])

1. Halbjahr Stoffgebiet	2. Halbjahr Stoffgebiet
Elektromaschinenbau b) Schleifring-, Käfigläufer- (Ein-, Mehr- und Spezialnutläufer) und Stromwender-Motoren 2. Die Transformatoren (Umspanner)[1] Zweck, Aufbau, Wirkungsweise und Bedeutung derselben für die Entwicklung der Elektrizitätswirtschaft 3. Die Wicklungsarten für Wechsel- und Drehstrommaschinen. Stern- u. Dreieckschaltungen, Parallelschaltungen[1] 4. Elektrotechnik Meßgeräte: Wattmeter, Leistungsfaktormesser 5. Werkstoffkunde a) Isolierstoffe: Papier, Seide, Kunstseide, Baumwolle, Zellwolle, Glasgespinst, Glas, Porzellan, Keramische Isolierstoffe, Schichtstoffe, Preßstoffe, Buna, Gummi, Glimmer, Asbest, Mischpolymerisate b) Löt- und Flußmittel für Weich- und Hartlötungen c) Umsponnene, umwickelte und umklöppelte Dynamodrähte d) Lackdrähte e) Schmieröle und Fette 6. Allgemeines Die Beachtung der allgemeinen Unfall-Verhütungsvorschriften	Elektromaschinenbau 2. Die Umformung von Gleich- in Wechsel- und Drehstrom, und umgekehrt, durch umlaufende Maschinen (Umformer). Anlaßverfahren für Umformer[1] 3. Die Wicklungsarten für Gleichstrom-Anker, Schleifen-, Reihenparallelwicklungen[1] 4. Anlasser, Regler, Schutzschalter, Stern-Dreieckschalter (Anlaß- und Regelgeräte für elektrische Maschinen) 5. Die Regeln für Bewertung und Prüfung elektrischer Maschinen und Transformatoren (REM und RET) 6. Leistungsschilder für elektrische Maschinen. § 84 REM 7. Werkstoffkunde a) Isolierlacke auf der Grundlage pflanzlicher Öle, Asphalte, Naturharze (luft- und ofentrocknend) b) Isolierlacke auf der Grundlage: Kunstharze, Cellulose c) Imprägnier-, Überzugs-, Schutzlacke, Tropenschutzlacke d) Trockenöfen, Vakuum-Imprägnier-Anlagen e) Imprägnier- und Trockenmethoden f) Kühlöle für Transformatoren 8. Allgemeines Lieferungs- und Gewährleistungsbedingungen im Elektromaschinenbauer-Handwerk

[1]) Siehe Raskop, Die Instandsetzungen an elektrischen Maschinen und Transformatoren, IV. Auflage.

3. Lehrjahr:

Elektromaschinenbau	Elektromaschinenbau
1. Die verschiedenen Arten von Transformatoren a) Öl- und luftgekühlte Transformatoren b) Spar-(Auto-)Transformatoren c) Anlaß-Transformatoren d) Dreh-Transformatoren e) Schweiß-Transformatoren für Lichtbogen- und Widerstandsschweißungen f) Spannungs-Regel-Transformatoren, deren Aufbau, Wirkungsweise und Anwendung 2. Schleifen-, Reihen- und Reihenparallelschaltungen bei Gleichstromankerwicklungen. Berechnung des Kollektorschrittes. Künstlich geschlossene Reihenwicklungen[1] 3. Anfertigung von Anschlußschaltskizzen	1. Das Parallelschalten mehrerer Transformatoren 2. Leistungsmessungen an Gleichstrommotoren 3. Frequenzumformer, deren Aufbau und Wirkungsweise 4. Die Ausgleichverbindungen bei Gleichstrom-Ankerwicklungen. Zweck derselben und Berechnung des Ausgleichschrittes 5. Kaskaden- und Leonhard-Umformer 6. Hilfsmittel zur Verbesserung des Anlaufes bei Einphasen-Wechselstrom-Asynchronmotoren. Anlaßschaltungen hierzu 7. Stabwicklungen bei Drehstromläufer. Berechnung des Wickel- und Umkehrschrittes[2])

1. Halbjahr Stoffgebiet	2. Halbjahr Stoffgebiet
Elektromaschinenbau 4. Werkstoffkunde a) Dynamo- u. Transformatorenbleche, deren Gütewerte, insbesondere deren Wattverluste b) Das Stanzen der Ständer-, Läufer- u. Polbleche für elektr. Maschinen c) Hitzebeständige Dynamodrähte mit Asbest- und Glasgespinst-Isolation d) Wärmeleitende u. hitzebeständige Isolierstoffe 5. Allgemeines Die gewerbepolizeilichen Vorschriften für Lack-Trockenöfen	Elektromaschinenbau 8. Anfertigung von Wicklungsschaltbildern 9. Werkstoffkunde a) Die Imprägnierung von Lackdrahtwicklungen b) Widerstandsdrähte, ihre Eigenschaften und Anwendung bei der Herstellung von Anlassern, Reglern und Vorschaltwiderständen[3]) c) Lagermetalle und Austauschstoffe hierfür 10. Allgemeines Die Haftpflicht bei Fahrlässigkeit des Lehrlings

1) Siehe Raskop, Der Katechismus für die Ankerwickelei.
2) Siehe Raskop, Das Berechnungsbuch des Ankerwicklers.
3) Siehe Raskop, Das Berechnungsbuch des Ankerwicklers.
} 12. Aufl. 1957

4. Lehrjahr (3½ Jahre):

1. Halbjahr Stoffgebiet	
Elektromaschinenbau 1. Polumschaltbare Drehstrommotoren und Polumschalter hierzu 2. Die Dahlander-Schaltung zu Ziffer 1[1]) 3. Hilfsmittel zur Verbesserung des Leistungsfaktors: Kondensatoren, Primär- und Sekundär-Phasenkompensatoren 4. Das statische und dynamische Auswuchten umlaufender Wicklungskörper[2]) 5. Die Drehzahlregelung bei Gleich-, Einphasen- und Drehstrommotoren 6. Gleichrichter 7. Die Leistungsmessung an Drehstrommotoren: Geräte, Hilfsmittel hierzu. Auswertung der Meßergebnisse[3])	8. Umrechnung gegebener Wickeldaten für eine andere Spannung (Gleich- und Drehstrom)[4]) 9. Anfertigung von Wicklungs-Schaltbildern 10. Werkstoffkunde a) Kohlebürsten und Bürstenhalter für Stromwender und Schleifringmaschinen b) Werkstoffe für den Elektromaschinenbau 11. Allgemeines a) Unfall-Verhütungsvorschriften für das Prüffeld b) Erste Hilfe bei Unfällen durch elektrischen Strom c) Der Werkvertrag und seine Bedeutung im Elektromaschinenbauerhandwerk

1) Siehe „EMA", Heft 1/1939.
2) Siehe Raskop, Der Katechismus.
3) Siehe Raskop, Das Berechnungsbuch.
4) Siehe Raskop, Das Berechnungsbuch.
} 8. Aufl. 1959

Die Ausbildung der Elektromaschinenbauer-Lehrlinge in einer $3^1/_2$jährigen Meisterlehre

Entwurf[1]

eines Berufs-Ausbildungsplanes für eine $3^1/_2$jährige Meisterlehre im Elektromaschinenbauer-Handwerk

1. Lehrjahr:

Grundforderungen	1. Halbjahr	2. Halbjahr
1. Maschinen-Schlosserei und Dreherei	Handreichungen und Anleitung für die Handhabung der gebräuchlichen Werkzeuge	Gewindeschneiden mit Kluppe, Feilen, Bohren, Verschrauben, Handreichungen an der Drehbank
2. Werkzeug-Aufmachung und Instandhaltung	Einordnung der Handwerkzeuge in den Werkzeugkästen und Schränken	Anschleifen von Schraubenzieher, Meißel, Reißnadel usw. Anschleifen der Spiralbohrer
3. Fehlerbestimmung an elektrischen Maschinen und deren Zubehör		Aufsuchen einer Unterbrechung an einem Anlasser. Handhabung des Kurbelinduktors
4. Fachgemäßer Auf-, Ab- und Zusammenbau elektrischer Maschinen und Zubehör	Handhabung des Flaschenzuges und sonstiger üblicher Hilfsmittel	Zerlegen elektr. Maschinen und betriebsfertige Zusammensetzung derselben
5. Betriebsfertiger Anschluß elektrischer Maschinen	Anschließen eines Drehstrom-Käfigankermotors mit 3-poligem Schalter	Anschließen eines Gleichstrom-Hauptschluß- oder Universalmotors
6. Herstellung von Wicklungselementen und vollständiger Wicklungen einschl. Schaltungen	Umbandeln von Formspulen und Stäben. Abbau einfacher Wicklungen	Abbau einfacher Wicklungen und Zuschneiden der Isolation
7. Imprägnieren und Trocknen von Wicklungen		
8. Prüfen elektr. Maschinen nach den VDE-Vorschriften und Kennzeichnung instand gesetzter Maschinen gemäß REM § 84		

2. Lehrjahr:

Grundforderungen	1. Halbjahr	2. Halbjahr
1. Maschinen-Schlosserei und Dreherei	Maßhaltiges Feilen (Vorschruppen und Schlichten). Handreichungen an der Drehbank. Leichte Nietarbeiten	Maßhaltiges Feilen (Vorschruppen und Schlichten). Einspannen von Werkstücken in die Drehbank
2. Werkzeug-Aufmachung und Instandhaltung	Aufarbeiten der Schraubenzieher am Schmiedefeuer	Pflege der Werkzeugmaschinen und sonstigen Betriebseinrichtungen. Anschleifen von Drehstählen

[1]) Als Vorschlag ausgearbeitet von Fritz Raskop, Krefeld.

Grundforderungen	1. Halbjahr	2. Halbjahr
3. Fehlerbestimmung an elektrischen Maschinen und deren Zubehör	Handhabung der Prüflampe und der Prüfmagneten	Handhabung des Prüftransformators gem. REM § 50. Handhabung gebräuchlicher Meßinstrumente
4. Fachgemäßer Auf-, Ab- und Zusammenbau elektrischer Maschinen und Zubehör	Ausbauen von Wicklungselementen. Ausbauen von Wälz- und Gleitlager	Prüffertiger Aufbau instand gesetzter Maschinen. Einbau von Wälz- und Gleitlager
5. Betriebsfertiger Anschluß elektrischer Maschinen	Anschließen eines Gleichstrom-Nebenschlußmotors mit Anlasser, sowie eines Drehstrom-Schleifringläufermotors mit Anlasser	Anschließen eines Drehstrom-Käfigläufermotors mit Stern / Dreieckschalter
6. Herstellung von Wicklungselementen und vollständiger Wicklungen einschl. Schaltungen	Herstellung einfacher Träufelspulen für Drehstromwicklungen. Einlegen von Handwicklungen in kleinen Drehstromständern	Schalten von 4polig. Drehstromwicklungen und Herstellung der Lötstellen. Herstellung von Gleichstrom-Feldspulen
7. Imprägnieren und Trocknen von Wicklungen	Verdünnen des Imprägnierlackes und Herrichten des Tränkbades	Imprägnierung einfacher Wicklungen. Bedienung des Trockenofens
8. Prüfen elektr. Maschinen nach den VDE-Vorschriften und Kennzeichnung instand gesetzter Maschinen gemäß REM § 84	Prüfen von Anlassern, Reglern usw. auf Betriebstüchtigkeit. Vorschriftsmäßiges Absichern elektrischer Maschinen	Prüfen der Wicklungen gemäß REM § 50 unter Beachtung der Unfall-Verhütungsvorschriften

3. Lehrjahr:

Grundforderungen	1. Halbjahr	2. Halbjahr
1. Maschinen-Schlosserei und Dreherei	Maßhaltiges Feilen (Vorschruppen und Schlichten). Kollektorabdrehen. Schleifen und Polieren des Kollektors. Aussägen des Glimmers zwischen den Kollektor - Lamellen. Neubelegen eines Kollektors	Leichte Dreharbeiten, z. B. Andrehen eines Schraubenschaftes einschl. Feilen und Schlichten. Einschleifen von Kohle- und Metallbürsten. Schichten von Blechkörpern (aktives Eisen)
2. Werkzeug-Aufmachung und Instandhaltung	Aufarbeiten von Flachmeißel einschließlich Härten u. Anschleifen	Abschmieden eines Körners einschl. Härten und Anschleifen; desgleichen eines Kreuzmeißels
3. Fehlerbestimmung an elektrischen Maschinen und deren Zubehör	Aufsuchen von Körper-, Windungs- und Lagenschluß an Wicklungen	Anschließen einschließl. Inbetriebsetzen von elektrischen Maschinen
4. Fachgemäßer Auf-, Ab- und Zusammenbau elektrischer Maschinen und Zubehör	Prüffertiger Aufbau instand gesetzter Maschinen und Vorbereitung f. Leistungsmessungen an Gleich- und Drehstrommotoren	Zusammenbau elektrisch angetriebener Werkzeuge und Haushaltungsgeräte

Grundforderungen	1. Halbjahr	2. Halbjahr
5. Betriebsfertiger Anschluß elektrischer Maschinen	Anschließen eines Gleichstrommotors mit Wendepol- und Compoundwicklung einschließlich Anlasser. Anschließen von Meßinstrumenten	Anschließen eines Einphasen-Wechselstrommotors mit Anlaufkondensator
6. Herstellung von Wicklungselementen und vollständiger Wicklungen einschl. Schaltungen	Herstellung von Gleichstrom-Kleinanker-Wicklungen einschließl. Schalten. Herstellung der Lötverbindungen am Kollektor. Schalten 2-, 6- und 8-poliger Drehstromwicklungen	Herstellung von Gleichstromanker-Formspulen-Wicklungen einschließlich Schalten. Löten und Bandagieren. Herstellung von Magnetspulen und Trafospulen
7. Imprägnieren und Trocknen von Wicklungen	Herstellen eines Feuchtigkeits-Schutzüberzuges bei imprägnierten Wicklungen	Anwendung der Compoundmassen bei Transformatoren-Wicklungen
8. Prüfen elektr. Maschinen nach den VDE-Vorschriften und Kennzeichnung instand gesetzter Maschinen gemäß REM § 84	Prüfen instand gesetzter Maschinen gemäß REM § 39. Leerlaufprüfungen instand gesetzter Maschinen. Messungen von Spannung und Strom	Belastungsprüfung eines Gleichstrommotors. Prüfen von Kollektorankern mit Millivoltmeter (Prüfung auf Windungsschluß und Schaltfehler)

3 ½. Lehrjahr:

Grundforderungen	Letztes Halbjahr
1. Maschinen-Schlosserei und Dreherei	Ausbau von Ankerwellen. Abschmieden von Feder- oder Nasenkeil, maßhaltiges Feilen derselben und Aufpassen von Riemenscheiben und Kupplungen. Herstellung eines Gleitlagers einschließlich Schmiernuten
2. Werkzeug-Aufmachung und Instandhaltung	Anfertigung eines Tasters, eines Winkels und Spitz-Zirkels. Anfertigung von Spulen-Wickelformen
3. Fehlerbestimmung an elektrischen Maschinen und deren Zubehör	Aufsuchen von Schaltfehlern an Maschinen und Transformatoren
4. Fachgemäßer Auf-, Ab- und Zusammenbau elektrischer Maschinen und Zubehör	Ausrichten gekuppelter Maschinensätze
5. Betriebsfertiger Anschluß elektrischer Maschinen	Anschließen eines Einanker-Umformers, desgleichen eines Hochspannungs-Transformators, Frequenz-Umformers, polumschaltbaren Motors
6. Herstellung von Wicklungselementen und vollständiger Wicklungen einschl. Schaltungen	Herstellung polumschaltbarer Drehstrom-Wicklungen, Transformatoren-Wicklungen, Herstellung von Stab-Wicklungen
7. Imprägnieren und Trocknen von Wicklungen	Herstellen eines Tropenschutzes bei imprägnierten Wicklungen, Imprägnieren von Lackdrahtwicklungen
8. Prüfen elektr. Maschinen nach den VDE-Vorschriften und Kennzeichnung instandgesetzter Maschinen gemäß REM § 84	Messung der Kurzschlußspannung bei einem Transformator. Messung der Frequenz eines Wechselstromes. Leistungsmessung eines Drehstrommotors

Stichwortverzeichnis

A:

Anfertigung des Meisterstückes 36
Anlasser und Widerstände (Berechnung) 114
Anlauf der Käfigläufer 97
Anlaufschwierigkeiten bei Käfigläufer 97
Anmeldung zur Meisterprüfung 50
Arbeitsprobe des Meisterprüflings 39
Arbeitsproben 59
Arbeitsschutz Unfallverhütung 59
Aufgaben für die mündliche Prüfung 42
Aufgaben für die schriftliche Prüfung 42
Aufstellung einer Wickeltabelle für Drehstrom-Stabläufer 115
Ausgleichsverbindungen bei Gleichstromanker 79
Auszug aus den gewerbegesetzlichen Bestimmungen 48

B:

Befugnis zum Anleiten von Lehrlingen 48
Berechnung der Drehzahl bei Drehstrommotoren 90
Berechnung der Leiterquerschnitte 76
Berechnung der Riemenscheibendurchmesser 125
Berechnung der Wickeldaten für Drehstrommotoren 96
Berufsbezeichnungen im Elektromaschinenbauerhandwerk 54
Betriebs- und Hilfsstoffe 62
Betriebsunkosten 121
Blechpakete bei Drehstrommotoren 97
Buchführung 58
Buchführungs-, Rechts- und Wirtschaftskunde 40
Bürstenhalter 8
Bürstenmaterial bei Gleichstrommaschinen 86
Bürstenquerschnitt bei Gleichstrommaschinen 86

D:

Dahlanderwicklungen 101
Denkschrift des RELMA-Verbandes 54
Doppelschlußmotor 63
Drehstrom-Asynchronmotoren 89
Drehstrom-Kollektormotoren 111
Drehstrommotor 89
Drehtransformator 107
Dynamodrähte, Lackdrähte 8

E:

Einanker-Umformer 62
Einführung der Meisterprüfungsordnung im Elektromaschinenbauerhandwerk 54
Einphasen-Repulsionsmotoren 110
Einphasen-Wechselstrom-Asynchronmotoren 109
Einwicklungsausführung bei polumsch. Drehstrommotoren 109
Elektrische Schweißanlagen 63
Ergebnis der Meisterprüfung 9

F:

Fachfragen in der Meisterprüfung 8, 11
Fachprüfung (schriftlich) 13
Fachliche Vorschriften für die Meisterprüfung 55
Fachrechnen 63

G:

Geräusche bei Käfigläufermotoren 97
Geschäfts-, Buch- und Rechnungsführung 8, 11
Geschäftsunkosten 71, 121
Geschichtliches über das Elektromaschinenbauerhandwerk 53
Gesellenzeugnis 50

Gesetzliche Vorschriften 64
Gestehungskosten im Elektromaschinenbau 32
Gesuch um Zulassung zur Meisterprüfung 51
Gewinnung elektr. Energie 62
Gleichstromankerwicklungen 64
Grundzüge der techn. Naturlehre und Stoffkunde 61
Grundzüge der Elektrizitätslehre 62

I:

Innungen 46
Isoliergewebestoffe 9
Isolierlacke 60
Isolierstoffe im Elektromaschinenbau 8

K:

Kalkulation im Elektromaschinenbau 31, 32, 34, 40
Kalkulationsvordrucke 34
Kohle- und Metallbürsten 8
Kostenaufstellung im Elektromaschinenbau 11, 16
Kostenberechnung im Elektromaschinenbau 120
Künstlich geschlossene Reihenwicklungen 81
Kurzschlußströme bei 4pol. Dr.-Motoren 104

L:

Lamellenspannung 85
Läuferspannung bei Drehstrom-Schleifringläufer 92
Leerlauf-, Nenn- und Kurzschlußstrom 98
Leerlaufströme bei 4pol. Drehstrommotoren 104
Leistungsabgabe bei Einphasenmotoren 45
Leistungsfaktor 113
Leistungsmessungen elektr. Maschinen 111
Leistungsverhältnis bei Dahlandermotoren 101
Leiter und Nichtleiter 62
Lösungen der schriftl. Prüfungsaufgaben 134
Lösungen der schriftl. Prüfungsaufgaben-Beispiele 15
Luftspalt bei Drehstrommotoren 20

M:

Magnetisches Feld 62
Maschinenkunde 63
Meisterprüfungsordnung im Elektromaschinenbauerhandwerk 36
Meisterstück (was dazu gehört) 6, 12, 13
Meisterstücke (Beispiele) 38
Meistertitel (Erlangung) 49
Meßinstrumente 63
Meßkunde 7, 10, 20
Mindestforderungen in der Meisterprüfung 5
Mündliche Prüfungsaufgaben-Beispiele 19

N:

Nutenzahlen und Nutenformen bei Drehstrommotoren 97

O:

Ohmsche Gesetz 20, 45

P:

Parallelschalten von Transformatoren 108
Polumschaltbare Drehstrommotoren 101
Prüffeldarbeiten 36
Prüfspannung bei Isolationsprüfungen 20
Prüfungsaufgaben-Beispiele 13
Prüfungsaufgaben-Beispiele (mündliche) 19
Prüfungsaufgaben (Lösungen) 19
Prüfungsgebiete für die theoretische Prüfung 61
Prüfungskommission (Errichtung) 37

R:

Regeln für elektr. Maschinen (VDE, 0530/7.55) 9
Regeln für Transformatoren-Prüfung 9
Reihenparallelwicklungen (Gleichstromanker) 64
Reihenwicklungen (Gleichstromanker) 64
Rekonstruktion der Wickeldaten 96
RELMA-Verband e.V. 54
Richtlinien für die Meisterprüfung 38

S:

Schaltbilder für polumschaltbare Wicklungen 103
Schaltgruppenbezeichnungen bei Drehstrom-Transformatoren 106
Scheinbare Leistung bei Drehstrommotoren 98
Schleifen-Ankerwicklungen (gekreuzt) 67
Schleifen-Ankerwicklungen (ungekreuzt) 67
Schrifttumshinweise und Schulungsaufgaben 42
Schulungsaufgaben 21
Selbständigkeitserklärung des Elektromaschinenbauerhandwerks 2, 54
Spannungswandler 20
Spartransformatoren 107
Speicherung elektr. Energie 62

T:

Temperaturmessungen an Wicklungen 20
Theoretische Meisterprüfung 7, 12
Theoretische Vorprüfung gemäß Prüfungsordnung 127
Transformatoren 62, 105

U:

Übersicht über das Prüfungsgebiet 4
Umformer 62
Umschalten von Gleichstrom-Ankerwicklungen 69
Umschalten von Parallel- in Reihenwicklungen 70
Umschalten von Reihenparallel- in Reihenwicklungen 71
Umwickeln von Gleichstromanker für andere Drehzahlen und Spannungen 74
Umwicklung des Magnetfeldes bei Gleichstrommotoren 75
Universalmotoren für Gleich- und Wechselstrom 110
Unternehmergewinn im Elektromaschinenbau 32

V:

VDE-Vorschriften 9, 58
Vorbereitung zur Meisterprüfung 10, 53
Vorschriften für das Gewerbe 41

W:

Wahl und Anfertigung des Meisterstückes 4
Werkstoffkunde im Elektromaschinenbau 7
Werkstoffkunde i. El.-Bau: Schrifttumshinweis 47
Wickelschritt bei Gleichstromanker 84
Wicklungen für Asynchronmotoren 91
Wirkungsgrad, Leistungsfaktor 112, 98
Wirkungsweise, Aufbau und Verwendung elektr. Maschinen 8

Z:

Zulassung zur Meisterprüfung 38, 49
Zweigängige Schleifenwicklungen (Gleichstromanker) 66

Tabelle über Isolierstoffe, Tränklacke, Tränkmassen und Binde-
Tafel 3 VDE-Regeln für elektrische

1	2	3	4	5
Nr.	Isolationskl. nach VDE, 0530 / 7.55			**Isolierstoffe**
		Leiterisolation	Nutenisolation	Umbandelung
1	**Y**	Baumwolle, Zellwolle, Kunstseide, Naturseide	Preßspan, Vulkanfiber, Papier, Polyamid-Textilien, Ölleinen	Bänder aus: Baumwolle, Zellwolle, Kunstseide, Naturseide
2	**A**	Baumwolle, Zellwolle, Kunstseide, Naturseide sowie: **Lackdrähte** der Klassen M und F	Preßspan, Ölleinen, Zellulosefolien, Papier	Bänder aus: Baumwolle, Zellwolle, Kunstseide, Naturseide
3	**E**	**Lackdrähte** der Klasse M, auch zusätzlich mit Zellulosefolien isoliert	**Folien** (auch in Verbindung mit Edelpreßspan) auf der Basis von: Zellulosetriacetat, Zelluloseacetobutyrat, Polyamid	Bänder aus: Zellulosetriacetat, Glasseide
4	**B**	Glasseideumsp., Asbestfaserumsp., Glasseideisolierung auch mit Lacken nach Klasse E (Vorimprägnierung der Wickeldrähte)	Glasgewebe, Glimmer, Mikanitgewebe, Mikafolium, Asbestgewebe, Glasgewebe/Silikonkautschuk	Bänder aus: Glasseide, Asbest
5	**F**	Glasseide-umspinnung, Asbestfaser-umspinnung	Glasgewebe, Asbestgewebe, Glimmer, Mikanit, (mit anorganischem Träger), Glasgewebe/Silikonkautschuk	Bändergewebe aus: Glasseide, Asbest, Glasseide/Silikonkautschuk, Asbestflor
6	**H**	Glasseide-umspinnung, Asbestfaser-umspinnung	Glimmer, Glasgewebe, Glasgewebe/Silikonkautschuk, Mikanit	Bändergewebe aus: Glasseide, Asbestfäden
7	**C**	Glasseide-umspinnung, Asbestfaser-umspinnung	Glimmer, Asbest- und Glasgewebe	Bändergewebe aus: Glasseide, Asbestfäden

mittel für den Aufbau der Wicklungsisolation nach REM 0530/7.55
Maschinen: gültig ab Juli 1955

6	7	8
Für sonstige Zwecke	**Isolierlacke Füllmassen** (Imprägniermittel)	Höchstzulässige Dauertemperatur in ° C
Polyvinylchlorid, Naturgummi vulkanisiert, Polyäthylen	Ungetränkt	90 ° C
Synthetische Gummimischungen (Butylkautschuk und Butadin-Styrol-Misch-Polymerisate, ungetränkt)	**Öllacke,** Asphaltmassen, Polyesterharze (gefüllt oder ungefüllt)	105 ° C
Polyamid Epoxydharze ohne Füllstoffe, Schichtstoffe mit Papier, Baumwolle oder Zellwolle als Füllstoffe auf der Basis Phenolharz, Melaminharz	Ölmodifizierte **Kunstharzlacke,** Asphaltmassen mit Erweichungspunkt über 120 ° C	120 ° C
Preßmassen mit anorganischen Füllstoffen auf der Basis von: Phenolharz, Melaminharz (ausgehärtet!)	Ölmodifizierte Alkydharzlacke und Phenolharzlacke, Polyurethanlacke, Schellack, Polyesterharze und Asphaltmassen mit Erweichungspunkt über 130 ° C	130 ° C
	Modifizierte Silikonlacke oder thermisch gleichwertige Stoffe und ähnliche temperaturbeständige organische Tränklacke und Bindemittel	155 ° C
Polytetrafluoräthylen, Polymonochlortrifluoräthylen	Reine Silikonlacke	180 ° C
Glimmer, Glas, Porzellan, Quarz und ähnliche feuerfeste Stoffe ohne Bindemittel	Ohne Bindemittel	über 180 ° C